"十一五"国家重点图书出版规划项目

数学文化小丛书

李大潜　主编

漫话 e

Manhua e

李大潜

图书在版编目（CIP）数据

数学文化小丛书. 第2辑：全10册 / 李大潜主编. -- 北京：高等教育出版社，2013.9（2024.7重印）

ISBN 978-7-04-033520-0

Ⅰ. ①数⋯ Ⅱ. ①李⋯ Ⅲ. ①数学-普及读物 Ⅳ. ①O1-49

中国版本图书馆CIP数据核字（2013）第226474号

项目策划　李艳馥　李　蕊

策划编辑	李　蕊	责任编辑	张耀明	封面设计	张　楠
责任绘图	郝　林	版式设计	王艳红	责任校对	王效珍
责任印制	存　怡				

出版发行	高等教育出版社	咨询电话	400-810-0598
社　　址	北京市西城区德外大街4号	网　　址	http://www.hep.edu.cn
邮政编码	100120		http://www.hep.com.cn
印　　刷	保定市中画美凯印刷有限公司	网上订购	http://www.landraco.com
开　　本	787 mm×960 mm 1/32		http://www.landraco.com.cn
总印张	28.125		
本册印张	2.875	版　　次	2013年9月第1版
本册字数	48千字	印　　次	2024年7月第11次印刷
购书热线	010-58581118	定　　价	80.00元

本书如有缺页、倒页、脱页等质量问题，请到所购图书销售部门联系调换

版权所有　侵权必究

物　料　号　12-2437-40

数学文化小丛书编委会

顾　问：谷超豪（复旦大学）
　　　　项武义（美国加州大学伯克利分校）
　　　　姜伯驹（北京大学）
　　　　齐民友（武汉大学）
　　　　王梓坤（北京师范大学）
主　编：李大潜（复旦大学）
副主编：王培甫（河北师范大学）
　　　　周明儒（徐州师范大学）
　　　　李文林（中国科学院数学与系统科
　　　　　　　　学研究院）
编辑工作室成员：赵秀恒（河北经贸大学）
　　　　　　　　王彦英（河北师范大学）
　　　　　　　　张惠英（石家庄市教育科
　　　　　　　　　　　　学研究所）
　　　　　　　　杨桂华（河北经贸大学）
　　　　　　　　周春莲（复旦大学）

本书责任编委：周春莲

数学文化小丛书总序

整个数学的发展史是和人类物质文明和精神文明的发展史交融在一起的。数学不仅是一种精确的语言和工具、一门博大精深并应用广泛的科学,而且更是一种先进的文化。它在人类文明的进程中一直起着积极的推动作用,是人类文明的一个重要支柱。

要学好数学,不等于拼命做习题、背公式,而是要着重领会数学的思想方法和精神实质,了解数学在人类文明发展中所起的关键作用,自觉地接受数学文化的熏陶。只有这样,才能从根本上体现素质教育的要求,并为全民族思想文化素质的提高夯实基础。

鉴于目前充分认识到这一点的人还不多,更远未引起各方面足够的重视,很有必要在较大的范围内大力进行宣传、引导工作。本丛书正是在这样的背景下,本着弘扬和普及数学文化的宗旨而编辑出版的。

为了使包括中学生在内的广大读者都能有所收益,本丛书将着力精选那些对人类文明的发展起过重要作用、在深化人类对世界的认识或推动人类对世界的改造方面有某种里程碑意义的主题,由学有专长的学者执笔,抓住主要的线索和本质的内容,由浅入深并简明生动地向读者介绍数学文化的丰富内涵、数学文化史诗中一些重要的篇章以及古今中外一些著名数学家的优秀品质及历史功绩等内容。每个专题篇幅不长,并相对独立,以易于阅读、便于携带且尽可能降低书价为原则,有的专题单独成册,有些专题则联合成册。

希望广大读者能通过阅读这套丛书,走近数学、品味数学和理解数学,充分感受数学文化的魅力和作用,进一步打开视野,启迪心智,在今后的学习与工作中取得更出色的成绩。

李大潜

2005年12月

目 录

一、对数——化乘除为加减 ································· 1

二、常用对数 ·· 13

三、对数的尺度 ··· 19

四、e的现身——从一个复利问题谈起 ················ 28

五、自然指数函数和自然对数函数 ···················· 37

六、无所不在的e ·· 45

七、离不开e的奇妙曲线 ································· 53

八、由实变数到复变数 ···································· 63

附表　常用对数的尾数表（兼作常用对数的
　　　反对数表）·· 73

参考文献 ·· 81

后记 ·· 82

e，是26个英文字母中的第五个字母，但在不同的场合，又有一些特殊的含义。在物理学中，常用e来表示电子(electron)，近年来广为使用的e-Mail（电子邮件），e-Business（电子商务），e-Commerce（电子贸易）及e-Services（电子服务）等均由此而来．在数学中，亦常用e来表示圆锥曲线的离心率(eccentricity)．但本书中所描述的e，专指自然对数的底，它有一系列深刻而有趣的性质，并有着多方面重要的应用，值得专题加以论述和介绍．

一、对数——化乘除为加减

因为e是自然对数的底，为了深入地了解e，我们首先从对数谈起．

对数(Logarithm)是苏格兰数学家纳皮尔(John Napier, 1550—1617)发明的，他从1594年到1614年花了二十年的时间造出了第一个对数表．和数学上一些其他的发明不同，对数降临人间事先似乎毫无征兆，但它绝不是一个从天上掉下来的怪念头，而是源自当时在天文、航海及工程实践中简化大量繁杂计算的实际需要．纳皮尔就说过："要实际应用数学，我看最大的障碍就是处理很大数字的相乘、相除，或者求取二次或三次方根……因此我开始思考，有没有什么方法可以去除这些障碍．"

由于对数不仅能将乘除运算化为加减运算,而且能将乘方、开方运算化为乘除运算,一下子将人们从繁复的计算中解放出来,无异于成倍地延长了科学家与工程技术人员的寿命.德国天文学家开普勒(1571—1630)是最早使用对数的人之一,他成功地在行星轨道的计算中运用了对数.法国数学家拉普拉斯(1749—1827)曾说过:"对数的发明让天文学家的寿命都延长了,因为少做了很多苦工."恩格斯曾经将解析几何、对数及微积分并列为最重要的数学方法,并指出:对于将乘除转化为加减的"这种从一个形态到另一个相反的形态之转变,并不是一种无聊的游戏,它是数学科学的最有力的杠杆之一,如果没有它,今天就没法去进行一个较为复杂的计算."

图 1　纳皮尔

由于西洋传教士的作用,在清代初年(17世纪中叶)对数传到了中国. 1653 年薛凤祚(1600—1680)与波兰传教士穆尼阁(Jean Nicolas Smogolenski, 1611—1656)共同编译出版了《比例对数表》一书,正式将对数介绍到中国,薛凤祚还将对数应用到历法计算中. 后来,康熙皇帝组织编撰的《数理精蕴》一书,在其下篇·卷三十八"对数比例"一节中,一开始就说:"对数比例乃西士若往·纳白尔(John Napier)所作,以假数与真数对列成表,故名对数表."这儿的假数,我们现在叫"对数",而若往·纳白尔就是我们所述的纳皮尔.

在科学发展的历史中,极少有哪个抽象的数学概念,能像对数一样,一开始就很快获得了整个科学界的热烈欢迎. 对数的发明,无疑是人类认识史上一个极大的飞跃与革命,在人类文明的进程中起了石破天惊的作用.

现在让我们来简要地追溯对数概念的引入及它的一些基本性质.

先看下面一张表格

y	$\cdots$	0.01	0.1	1	10	100	1 000	$\cdots$
x	$\cdots$	-2	-1	0	1	2	3	$\cdots$

在这张表格中,下一栏中的 x 以等差数列(公差为1)排列,而上一栏中的 y 则以等比数列(公比为10)排列. y 作为 x 的函数可写为以10为底的指

数函数[注]

$$y = 10^x \tag{1}$$

的形式,而x作为与y相对应的数,称为 y(以10为底)的对数,y则称为对应于对数x的真数.

容易看到,要求上一栏中两个y值$y_1 = 10^{x_1}$及$y_2 = 10^{x_2}$的积(或商),除直接做乘除法运算外,还可用以下简便的方法进行:

(1) 先在表格中分别找到y_1及y_2的对数x_1及x_2.

(2) 作加法$x_1 + x_2$(或减法$x_1 - x_2$).

(3) 再在表格中找到以$x_1 + x_2$(或$x_1 - x_2$)为对数的真数,它就是积$y_1 y_2$(或商y_1/y_2)之值.

例如,要求$y_1 = 100 = 10^2$及$y_2 = 0.1 = 10^{-1}$之积或商. 由于相应的对数分别为$x_1 = 2$,$x_2 = -1$,有$x_1 + x_2 = 1$,其对应的真数为10,故$y_1 y_2 = 10$;而$x_1 - x_2 = 3$,其对应的真数为1 000,故$y_1/y_2 = 1\,000$.

这就是说,利用上面的表格,上一栏中两真数的相乘或相除,就化为下一栏中两相应对数之相加或相减.

上述算法的根据是如下的指数关系式:

$$10^{x_1} \cdot 10^{x_2} = 10^{x_1 + x_2}. \tag{2}$$

注 如下文所述,在历史上是先有对数,后才由欧拉引入并深入研究了指数函数的. 鉴于指数函数与对数函数互为反函数,为了清楚地说明事情的本质,在本书中我们不再重复历史,而且直接利用指数函数来引入对数.

上面的做法虽然简单，但只适用于这个表上一栏中之两数相乘或相除，而此表太粗，涉及的数相当有限，难以在实际运算中真正发挥作用。由于(2)式对任何给定的实数x_1及x_2均成立，如果在上表上一栏中均匀而相当密集地插入一些y值，例如，在1与10之间插入$2,3,\cdots,8,9$，或$1.1,1.2,\cdots,9.8,9.9$等等，并由(1)决定下一栏中相应的对数值x与之对应；或在上表下一栏中均匀而相当密集地插入一些x值，例如在0与1之间插入$0.1,0.2,\cdots,0.8,0.9$，或$0.01,0.02,\cdots,0.98,0.99$等等，并由(1)决定上一栏中相应的真数值$y$与之对应，将上表之内涵大大地加以扩充。这样，就可以由前面所述的原则，利用此表中对数x_1及x_2的和或差来方便地求得上一栏二相应真数y_1及y_2的积或商。这样就可以(至少近似地)求任意两正实数值$\tilde{y}_1$及$\tilde{y}_2$(不一定列在上一栏中，但总与上一栏中某两正实数y_1及y_2十分接近，从而可近似地用y_1及y_2来分别代替)的积或商。这样一个内涵大大扩充后的表，就是一个对数表或反对数表。

当然，要将上表的内涵扩大，制作哪怕一个比较粗疏的对数表或反对数表，工作量也是非常巨大的。这需要对下一栏中每一个给定的实数值x，求得相应的真数$y=10^x$值，或对上一栏中每一个给定的正实数值y，求得满足$y=10^x$的相应的对数值x。但花出这样巨大的劳动是值得的，因为只要这样的对数表或反对数表一旦制成，就可以一劳永逸地使任何人都可以利用它将乘除运算化简为加减运算。

利用(1)式，可由事先给定的任意实数值x，求得相应的以10为底的指数函数$y = 10^x$的值，它永远取正值．反之，对事先任意给定的正实数y值，可由(1)求得相应的以10为底的对数x之值，这一过程记为

$$x = \log_{10} y \quad (y > 0), \tag{3}$$

或简记为

$$x = \lg y \quad (y > 0). \tag{3}'$$

这儿，在(3)′中，按通常的约定，记号lg恒表示以10为底的对数．

这样，在实数x与正数y之间，就有一个由指数函数(1)或对数函数(3)(或(3)′)所联系的一一对应的关系．由x决定y的(1)式与由y决定x的(3)(或(3)′)式，就构成了相应的指数函数与对数函数之间互为反函数的关系．

上面说的，是以10为底的指数和对数．

再看下面这张表格

y	$\cdots$	$\frac{1}{16}$	$\frac{1}{8}$	$\frac{1}{4}$	$\frac{1}{2}$	1	2	4	8	16	32	$\cdots$
x	$\cdots$	-4	-3	-2	-1	0	1	2	3	4	5	$\cdots$

在这张表格中，下一栏中的x以等差数列（公差为1）排列，而上一栏中的y以等比数列（公比为2）排列．这时，y作为这些x的函数是以2为底的指数函数：

$$y = 2^x. \tag{4}$$

相应地，对所给的y值，x是y以2为底的对数，记为

$$x = \log_2 y \quad (y > 0). \tag{5}$$

由指数关系式

$$2^{x_1} \cdot 2^{x_2} = 2^{x_1+x_2}, \tag{6}$$

利用这一张表格，上一栏中两真数y_1及y_2之相乘或相除，同样可化为下一栏中相应两对数x_1及x_2之相加或相减. 且由于(6)式对任何给定的实数x_1及x_2均成立，同样可以将上述表格的内涵大大扩充后，得到一个以2为底的对数表或反对数表. 一旦构造了这样的对数表或反对数表，就可以利用加减法来（至少近似地）求得任意的两正实数值$\widetilde{y}_1$及$\widetilde{y}_2$的积或商.

以2为底的指数函数(4)与以2为底的对数函数(5)在x与$y(>0)$之间构成了一一对应的关系. 这两个函数亦互为反函数.

其实，任何大于0的数都可以取为指数或对数的底，只有1是例外. 因为以1为底的指数函数$y = 1^x = 1$不能在实数x及正数y之间构成一一对应的关系.

这样，我们就可以给出关于对数的如下一般性的定义：给定$a > 0$，但$a \neq 1$，若

$$y = a^x, \tag{7}$$

则称x为y以a为底的对数，记为

$$x = \log_a y \quad (y > 0). \tag{8}$$

对数函数(8)与指数函数(7)之间互为反函数. 由此立刻得到如下的恒等式

$$a^{\log_a y} = y \quad (y > 0) \tag{9}$$

及

$$\log_a a^x = x. \tag{10}$$

令

$$y_1 = a^{x_1}, \quad y_2 = a^{x_2}, \tag{11}$$

由定义, 就有

$$x_1 = \log_a y_1, \quad x_2 = \log_a y_2. \tag{12}$$

于是, 利用指数函数(7)的性质

$$a^{x_1} a^{x_2} = a^{x_1+x_2}, \tag{13}$$

两端取以a为底的对数, 并利用(10), 就得到

$$\log_a (y_1 y_2) = \log_a y_1 + \log_a y_2. \tag{14}$$

相应地, 由

$$\frac{a^{x_1}}{a^{x_2}} = a^{x_1-x_2}, \tag{15}$$

可得

$$\log_a \frac{y_1}{y_2} = \log_a y_1 - \log_a y_2. \tag{16}$$

此外, 由$a^0 = 1$及$a^1 = a$, 可得

$$\log_a 1 = 0 \tag{17}$$

及
$$\log_a a = 1. \tag{18}$$

其实,这两式分别是(10)式当$x=0$及$x=1$时的特例.

对于任何给定的$a,b,c>0$,且$a,b\neq 1$,可证明

$$\log_a b \cdot \log_b c = \log_a c. \tag{19}$$

事实上,利用(7)及(8)式,由

$$b^x = c, \tag{20}$$

可得

$$x = \log_b c.$$

而由(9)式,

$$b = a^{\log_a b}, \quad c = a^{\log_a c}.$$

从而,由指数函数满足的性质

$$(a^x)^k = a^{kx}, \tag{21}$$

(20)式的左端可写为

$$(a^{\log_a b})^x = (a^{\log_a b})^{\log_b c} = a^{\log_a b \cdot \log_b c},$$

而其右端则为

$$a^{\log_a c},$$

于是就得到(19)式.

由(19)式，就得到

$$\log_b c = \frac{\log_a c}{\log_a b}. \tag{22}$$

特别在其中取 $c = a$，并注意到(18)式，就得到

$$\log_b a = \frac{1}{\log_a b}. \tag{23}$$

有了公式(22)及(23)，对数的底可以根据需要自由地加以转换.

对数除具有性质(14)及(16)外，利用上述换底公式(22)和(23)，还可以得到关于对数的又一个重要的性质：

$$\log_a y^k = k \log_a y \quad (y > 0), \tag{24}$$

其中 k 是一个实数.

由(17)式，(24)式在 $y = 1$ 时显然成立. 剩下来只需在 $y > 0$，且 $y \neq 1$ 时证明(24)式. 此时，可取 y 为底，由换底公式(22)和(23)，并注意到(10)式，就有

$$\log_a y^k = \frac{\log_y y^k}{\log_y a} = \frac{k}{\log_y a} = k \log_a y.$$

这就证明了(24).

容易看到，(10)式是(24)式的一个特殊的形式.

(14)，(16)及(24)式为简化乘除及乘方开方运算提供了基础.

下面我们归纳一下利用以 a 为底的对数将乘除运算化为加减运算的过程.

由(13)及(15)式，要求由(11)式所给出的两真数 y_1 及 y_2 之积或商，可先求得它们分别相应的对数 x_1 及 x_2，作 x_1+x_2 或 x_1-x_2，再求出以 x_1+x_2 或 x_1-x_2 为对数的真数 $a^{x_1+x_2}$ 或 $a^{x_1-x_2}$，它就是所要求的积 $y_1 y_2$ 或商 y_1/y_2.

此外，由(21)式，要求由(7)式给出的数 y 之乘方或开方 y^k，可先求 y 对应的对数 x，再通过乘法或除法求得 kx，最后求出以 kx 为对数的真数 a^{kx}，它就是所要求的乘方或开方 y^k.

要能方便地实现这些运算过程，要在真数 $y \in \mathbb{R}^+$ 及相应的对数 $x \in \mathbb{R}$ 之间由关系式(7)建立一个一一对应的表格或图表，或至少在一个足够密集的点集上建立一个一一对应的表格或图表. 一旦有了这样的表格或图表，两正数 $\tilde{y}_1$ 及 $\tilde{y}_2$ 之积或商，就可以（至少近似地）通过加法或减法运算方便地得出；一正数 $\tilde{y}$ 的乘方或开方，也就可以（至少近似地）化为乘除法运算.

这样，利用对数，不仅可以将乘除运算简化为加减运算，而且还可以将乘方、开方运算简化为乘除运算，从而大大地减低了计算的复杂性.

在 $a > 0$ 且 $a \neq 1$ 时，指数函数(7)的图像在 $a > 1$ 及 $a < 1$ 这二种情形有相当明显的区别. 在 $a > 1$ 时，$y = a^x$ 之值随 x 的增加而增加，相应的指数函数是 x 的单调增加函数；而在 $a < 1$ 时，$y = a^x$ 之值随 x 的增加而减小，相应的指数函数是 x 的单调减少函数. 此外，由 $a^0 = 1$，在这两种情形，指数函数(7)的图像均通过点 $(x,y) = (0,1)$. 有关的图像见图2. 相应

地,作为这些函数的反函数,注意到(17),对数函数$x = \log_a y$的图像见图3.

这样的图像同样显示了x与y之间的一一对应关系,相当于给出了以a为底的对数表及反对数表,从而利用对数将乘除化为加减的过程也可以在此基础上顺利进行。

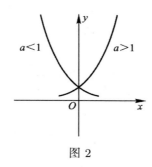

图 2

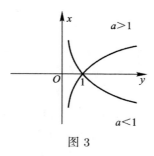

图 3

二、常用对数

上面已经说明：为了要将任意两个正数的乘除化为相应对数的加减，需要将有关表格的内涵大大地加以扩充或是画出相应的图像. 但这些表格在左、右两侧都是无穷尽的，而相应图像的制作亦需要对一切 $x \in \mathbb{R}$ 求得相应的 $y \in \mathbb{R}^+$ 值. 这样的对数表或反对数表，其规模是无限大的，实际上无法加以制作，也难以在实际的计算及应用中发挥作用.

在实际计算中，通常取 $a = 10$，且如前所述，将 $\log_{10}$ 简记为 lg，称为**常用对数**. 这是布里格斯 (Henry Briggs, 1561—1630) 首创的. 这样做的好处，是可以利用我们所采用的十进制，很方便地将对数表的制作范围由一切真数 $y > 0$ 缩小到真数 $y \in [1, 10)$；相应地，很方便地将反对数表的制作范围由一切实数 x 缩小到 $x \in [0, 1)$. 这样，就可以大大节约制作对数表及反对数表的工作量，使之在客观上成为可能，从而为实际计算带来极大的便利.

例如，为了计算 lg 234.56，利用对数的性质 (14)，(24) 及 (18)，就有

$$\lg 234.56 = \lg(10^2 \cdot 2.345\,6) = \lg(10^2) + \lg 2.345\,6$$
$$= 2\lg 10 + \lg 2.345\,6 = 2 + \lg 2.345\,6.$$

这里，因 $1 < 2.345\,6 < 10$，$\lg 2.345\,6$ 之值为在0与1之间的小数，称为所求对数值 $\lg 234.56$ 之**尾数**，而前面的整数2，称为该对数值的**首数**，它等于真数234.56小数点前的位数减去1．因此，对于任何大于1的正数，只要先由其小数点前位数减1定出首数，再利用真数在1与10之间的常用对数表求得其尾数，二者相加就可得到其对数．

类似地，有

$$\lg 0.002\,345\,6 = \lg (10^{-3} \cdot 2.345\,6)$$
$$= \lg (10^{-3}) + \lg 2.345\,6 = -3 + \lg 2.345\,6.$$

这里的负整数−3就是相应的首数，它的绝对值等于真数0.002 345 6小数点后零的个数加1，而 $\lg 2.345\,6$ 为尾数，其值在0与1之间．因此，对于任何小于1的正数，只要先由其小数点后零的个数加1定出其首数之绝对值，从而定出相应的首数（负值），再利用真数在1与10之间的常用对数表求得其尾数，二者作代数和就可得到其对数．

上面这两个数234.56及0.002 345 6的对数的尾数相同，只是首数有区别，这是因为组成这两个数的数字是相同的，只是小数点的位置有差别；反之亦然．

这样，采用以10为底的常用对数，仅仅利用真数在1与10之间的对数表或对数在0与1之间的反对数表，就可以实际上方便地由任何给定的真数 $y \in \mathbb{R}^+$ 求得相应的对数 $x \in \mathbb{R}$，或由任何给定的对数 $x \in \mathbb{R}$ 求得相应的真数 $y \in \mathbb{R}^+$，使一切有关的计算通行无阻．

书末附表是常用对数的尾数表（其真数在 1 与 10 之间）．将查表的过程反过来，此表同时也可以用作常用对数的反对数表（其对数值在0与1之间）．由前所述，有了这张表，就可以进行一切相应的运算．

现在举例说明对数在具体计算中的应用．例如说，要计算

$$x = \sqrt[5]{389.2 \times 41.57^3/0.720\ 4}.$$

先改写为指数的形式

$$x = (389.2 \times 41.57^3/0.720\ 4)^{\frac{1}{5}}.$$

两端取常用对数，利用对数的性质(14), (16)及(24)，就得到

$$\lg x = \frac{1}{5}(\lg 389.2 + 3\lg 41.57 - \lg 0.720\ 4).$$

查常用对数的尾数表(见附表)，我们有

$\lg 389.2 = 2 + \lg 3.892 = 2 + 0.590\ 1 = 2.590\ 1,$

$\lg 41.57 = 1 + \lg 4.157 = 1 + 0.618\ 7 = 1.618\ 7,$

$\lg 0.720\ 4 = -1 + \lg 7.204 = -1 + 0.857\ 5 = -0.142\ 5,$

从而得到

$$\lg x \approx 1.517\ 7 = 1 + 0.517\ 7.$$

查常用对数的反对数表（仍见附表），得尾数0.517 7所对应的真数为3.294，再注意到首数为1,

就得到

$$x = 32.94.$$

这样繁复的计算,如果不利用对数,决不可能如此方便地得到结果. 自纳皮尔1614年发明对数以来,一直到袖珍计算器的出现,对数以及根据对数的原理所设计的一些计算仪器,一直是进行这类复杂计算的有效方法,难怪对数一出现就得到科学界的热烈欢迎了.

根据对数的原理设计的计算仪器,最著名的就是后来为科学家与工程师广泛使用的计算尺. 计算尺的原理可简单地说明如下:在一固定的尺及一可移动的尺上标以同样的刻度,其中与原点之距离为 $\lg x$ 的点标记为 x,其中 x 的取值范围在 $[1,10]$ 之间,从而 $\lg x$ 之范围在 $[0,1]$ 之间. 由于每一个 x 所代表的点与原点之间的距离为 $\lg x$,这样一种刻度的划分实际上是将整个常用对数的尾数表刻在这一轴上,换言之,这样的刻度划分本身就是一个常用对数表. 由对数的性质(14),要求两个在1及10中间的数 y_1 及 y_2 的乘积,只要如图5所示,将可移动尺子的原点移到固定尺子上标记为 y_1 之处,则此时可移动尺子上标记为 y_2 的点在固定尺子上的对应点即为待求之积 $y_1 y_2$,从而可很方便地在固定的尺子上读出所要求的结果.

类似地,由对数的性质(16),要求两个数 y_1 及 y_2 ($y_1 > y_2$) 的商,只要如图6所示,将可移动尺子上标记为 y_2 的点移到固定尺子上标记为 y_1 之点处,则可移动尺子上的原点在固定尺子上对应的点即为待求之商 y_1/y_2,从而可很方便地读出其值.

图 4　计算尺

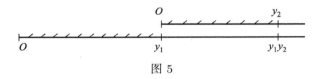

图 5

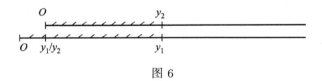

图 6

在自对数发明以来的长达350年左右的时间中,计算尺一直是科学家与工程师的忠实伴侣和有力工具.但自上世纪70年代初期袖珍计算器上市以后,计算尺很快失去了市场,并被迫于80年代停产,从而彻底退出了历史舞台,而对数表也只是象征性地在代数教科书中还可以找到.简言之,对数在计算中无可替代的地位现在已一去而不复返了,但下面我们就可以看到,对数的概念及对数函数在众多数学分支及科学领域中至今一直发挥着重要的作用.对数从计算的有力工具向科学的重要方法的转化,在数学发展史中留下了浓墨重彩的篇章,记录着人类不断走向文明进步的光辉历程.

三、对数的尺度

对于一个自变数 x 在很大范围中变化的函数,用常规的方法画它的图像,要将横轴拉得很长,这实际上难以做到,或是要将横轴的单位取得很大,但这又难以清楚地看到在自变数 x 较小时函数的变化情况.克服这一矛盾的一个常用的方法是借助于对数来实现的,这就是,例如说,以自变数 x 的对数 $\lg x$ 来代替 x 作出横轴上的刻度.

在图7中,横轴上标示的刻度是 $\lg x$ 之值,它们以等差数列(公差为1)的形式排列,而括号中所列是相应的 x 值,它们是与所列对数值相对应的真数,以等比数列(公比为10)的形式排列.这样,对数的尺度就可以使自变数 x 原先所在的一个很大的范围收缩为一个较小的区间,从而函数的整体图像就可以被清晰地表现出来.

容易看出,在上节介绍的计算尺中所标示的刻度实际上就是这里所说的对数的尺度,不过那里在点 $\lg x$ 处标示的是 x,即此对数所对应的真数,相当于图8所示的情形(但计算尺中仅用了相当于横轴上第一个区间这一段!).这是由计算尺化乘除为加减的实际需要所决定的.

在应用中,有时为了实际的需要,在纵轴上也会使用对数的尺度,即,例如说,用 lg y 来代替 y.

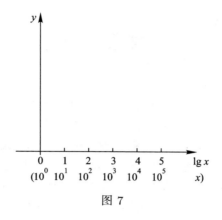

图 7

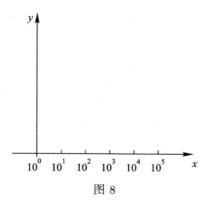

图 8

奇妙的是,在自然界中,人类对很多外界刺激的感知,竟然实际上使用了对数的尺度. 请看下面一些例子.

人们对噪声的感觉用的是对数的尺度. 声音的

响度单位为**贝尔**，实际上用的是它的十分之一，称为**分贝**．我们在都市热闹的马路上常常可以见到噪声达到多少分贝的液晶显示屏，以提醒大家减低噪声的自觉性．噪声的强度（能量）增加10倍，它的响度增加一个贝尔．这样，1贝尔、2贝尔、3贝尔等等，对于我们耳朵的音响度感觉构成一个公差为1的等差数列，而这些声音的强度则相应构成一个公比为10的等比数列．这就是说，响度相差一个贝尔，则强度相差10倍．因此，声音的响度用贝尔来表示，恰恰为其强度的常用对数．

举例来说，树叶的沙沙声，其响度为1贝尔，而高声的谈话是6.5贝尔，二者强度之比竟达到$10^{6.5}/10 = 10^{5.5} \approx 316\,000$倍！由此看来，人耳对声音的感觉用的是对数的尺度，这真是大自然对我们人类的一个巧妙的安排与设计，否则，恐怕所有人的耳朵都要被噪声震聋了．

人们对恒星亮度的感觉用的也是对数的尺度．依照肉眼视觉所辨别出来的恒星的明暗程度与恒星的光的强度之间的关系也是对数关系．天文学家将恒星按亮度由强到弱分为一等星、二等星、三等星等等，各种等级的星对肉眼的感觉形成一个公差为1的等差数列，但它们实际的物理光度则相应地形成一个公比为$\sqrt[5]{100} \approx 2.5$的倒数的等比数列．这样，若一恒星之物理光度是一等星的$(\sqrt[5]{100})^{-3}$倍，它的**星等**就应该是

$$1 - \log_{\sqrt[5]{100}}(\sqrt[5]{100})^{-3} = 4 \text{ 等},$$

若一恒星之物理光度是一等星的$(\sqrt[5]{100})^3$倍,它的星等就应该是

$$1 - \log_{\sqrt[5]{100}} (\sqrt[5]{100})^3 = -2 \text{ 等},$$

而一恒星之星等的一般计算公式则为

$$\text{星等} = 1 - \log_{\sqrt[5]{100}} A, \qquad (25)$$

其中A为此恒星之物理光度与一等星的物理光度的比值。因此,恒星的星等本质上是恒星的物理光度以$\sqrt[5]{100}$为底的对数。也就是说,在量度恒星之视觉光度时,用的实际上是以$\sqrt[5]{100}$为底的对数。

无论是对噪声响度还是对恒星亮度,我们的感觉器官(耳朵及眼睛)对外界刺激的感觉均正比于有关刺激量(音强及光强)的对数。这一看似偶合的现象,曾有人从生理学的观点加以揭示,认为人的一切感觉,都应遵循不是与对应物理量的强度成正比、而是与对应物理量的强度的对数成正比的规律(参见第六节)。这样,对数又进入到生理学的范畴了。

地震是对人类造成巨大灾害的自然现象。为了表达地震的烈度,现通常使用由里克特(Charles Francis Richter)于1935年在美国加利福尼亚制定的震级标准,通称**里氏地震分级标准**。里氏地震的分级着眼点不是由观测点处地震仪所记录到的地震的最大振幅,而是其常用对数值,但在计算里氏震级时需减去在观测点所在地无地震(0级规模地震)时所应有的振幅的对数。里克特把地震震级从低到高分

为1至10级. 里氏震级每增加一, 地震释放的能量约增加32倍. 举例来说, 换算为TNT当量的炸药, 一级地震为30磅(1磅=0.000 453 59吨); 二级地震为1吨; 四级地震1 000吨, 相当于一颗小型的原子弹; 五级地震为32 000吨, 相当于美国在二战结束前在日本广岛、长崎投放的原子弹; 八级地震为10亿吨, 1976年我国唐山大地震属此; 而九级地震则是320亿吨, 2004年印度洋大地震属此. 当我们关注地震预报及地震引起的灾情的时候, 我们又不可避免地用到对数的尺度, 和对数打上交道了.

音乐和对数也有密切的关系, 同样用上了对数的尺度, 但其中用的是以2为底的对数. 事实上, 由一个八音度进入上一个八音度, 其相应的音的频率增加2倍, 而每一个八音度共分十二个半音音阶, 按照等音程来划分, 后面一个音的频率应该是前一个音的 $\sqrt[12]{2}$ 倍. 这就构成了音频的一个公比为 $\sqrt[12]{2}$ 的等比数列, 但这些音在钢琴上则是根据频率以2为底的对数按等差级数来排列的。

具体来说, 假定最低八音度("零八度")的"do"音频率为1赫兹, 则第一八音度的"do"的音频率为2赫兹, 一般来说, 第m八音度的"do"的音频率为2^m赫兹. 由于在"等音程半音音阶"中包含12个不同的音频, 且按等音程的要求, 每一个后面的音的频率应为前面一个音的频率的 $\sqrt[12]{2}$ 倍, 因此, 在第m个八音度里的第p个音, 其频率应为

$$N_{pm} = 2^m (\sqrt[12]{2})^{p-1} \quad (p=1,2,\cdots,12).$$

两端取以2为底的对数,就得到

$$\log_2 N_{pm} = m + \frac{p-1}{12} \quad (p = 1, 2, \cdots, 12). \quad (26)$$

因此,标志钢琴键盘的号码p本质上对应于相应音的频率N_{pm}以2为底的对数.

这样,当音乐家在弹奏钢琴的时候,他弹的实际上不是别的,而是对数.同样,五线谱所用的实际上是一个对数的尺度,其表示音高的垂直距离对应于频率以2为底的对数.

图 9 朱载堉

对半音音阶采用等音程的划分,可以在琴键乐器(如钢琴、风琴、电子琴等)中根据需要任意转调,并使用所有的键,这解决了古今乐器制造中的一个大难题.这相当于对一个等距划分为若干区间的线段,可以将一个区间的端点平移到另一个区间的端点,而不改变其结构.如果不采用等音程的划分，对一个给定的调门，虽然也可能演奏出相当动听的乐曲，但一旦转调，乐曲就要失真或变味，使人难以享受欣赏音乐的乐趣了．所制造的钢琴这时也只能使用于一个给定的调门，一旦转调，就要立即更换另一台钢琴来演奏，这自然实际上无法办到，也就不可能有现在这样丰富多彩的音乐艺术和音乐生活了．

图 10　81位大算盘

在我国古代，早已在八度内采用十二个律，各律名称分别为黄钟、大吕、太簇、夹钟、姑洗、仲吕、蕤宾、林钟、夷则、南吕、无射、应钟以及以清字或浊字表示的高八度或低八度的音．但要做到十二个半音的音程都相等，涉及 $\sqrt[12]{2}$ 之值的计算，在当时决不是一个简单的事．在很长的时间中，古人通常采用"三分损益法"或"纯律"等近似的方法来决定各个律的数值，也达到了较好的声学效果．但它们都不能严格地遵循等音程的要求，其十二个音的音程大小不尽相同，因而都不能旋宫转调．对一件固定的乐器，想使用十二个不同的调，几乎是不可能的事．演唱者若有变调要求，乐器也要立即随之更换，实在是太复杂了．

我国明代杰出的自然科学家及音乐艺术家朱载堉(1536—1611)，系明太祖朱元璋九世孙，10岁被立为郑藩世子，但七次上书让出王位，决意从事科学与艺术研究．他在国际上首先于1581年创建了十二平均律理论，并进行了大量的实践．他的这一划时代的贡献，铸造了近代音乐舞台上乐器之王即钢琴的灵魂，对世界音乐史作出了巨大的贡献．他的这个发明，曾被西方学者喻为我国的第五大发明．著名科学技术史家李约瑟博士指出："平心而论，在过去的三百年间，欧洲及近代音乐确实有可能曾受到中国的一篇数学杰作的有力影响，但是还没有得到传播的证据……第一个使平均律数学上公式化的荣誉确实应当归功于中国．"德国生理学家、物理学家及数学家赫尔姆霍茨(Hermann von Helmholtz, 1821—1894)也曾指出："在中国人中，据说有一个王子叫载堉的，他在旧派音乐家的大反对中，倡导七声音阶，把八度分成十二个半音以及变调的方法，也是这个有天才和技巧的国家发明的．"值得指出的是，对数的发明(1614年)是朱载堉死后的事，他因而无缘利用对数来简化他的计算，但这也更加显出他的智慧、伟大和毅力．他为了计算 $\sqrt[12]{2}$ 及其各次方幂，不仅提出了有关的算法,而且亲自在一个长达八十一位的大算盘上完成了包括开方在内的大量运算,这在数学的历史上也是一个奇迹.

除这些以外,判断溶液酸碱性,用的也是对数的尺度.通常表示氢离子浓度所用的pH,就是溶液中氢离子浓度的常用对数的负值,即$-\lg[H^+]$.pH的范围通常在0~14之间.pH等于7时,溶液呈中性;pH大于7时,溶液呈碱性,而pH小于7时,溶液呈酸性.

四、e的现身——从一个复利问题谈起

从本节开始,我们要转换视角,重点考察对数函数以及指数函数的重要性质及应用.

原则上说,以不同的 a ($a > 0$, $a \neq 1$)为底的对数函数本质上应是没有太大区别的,但为了科学研究的方便,为了数学表达的简明清晰和美观,我们要选择一个特殊的底来研究其相应的对数函数及指数函数.这个特殊的底就是本书标题中所述的e,其值约为

$$e = 2.718\ 28\cdots.$$

以e为底的对数通称为**自然对数**.

为什么人们不用常用的10为底或其他正数 a ($a \neq 1$) 为底,而选择了e这样一个奇怪的数为底,还认为这种对数很自然,并称其为自然对数呢?这样一个看起来很奇怪的数e,又是从何而来,并具有一些什么性质呢?我们将逐步回答这些问题.

下面先从一个完全属于理想状态的复利问题谈起.

设本金为1,而年利率亦为1,一年后本利总

和为
$$1+1=2.$$
如果该银行对期限稍短的存款,也采用同样的利率,即其利率根据存款期限在一年中所占的比例按年利率打折扣计算,例如说,半年的利率为 $\frac{1}{2}$, 四个月的利率为 $\frac{1}{3}$, 三个月的利率为 $\frac{1}{4}$, 等等. 这样, 存半年到期后立即续存, 一年后本利之总和为
$$\left(1+\frac{1}{2}\right)^2 = 2.25,$$
存四个月到期后立即续存, 一年后本利之总和为
$$\left(1+\frac{1}{3}\right)^3 \approx 2.37,$$
存三个月到期后立即续存, 一年后本利之总和为
$$\left(1+\frac{1}{4}\right)^4 \approx 2.44,$$
$$\vdots$$

从这儿可以看出, 存款的期限愈短, 一年后所获得的本利总和愈大. 那么, 如果能够做到将存款期缩到最短, 即存入后马上取出再存, 并认为这样的操作可以瞬间实现, 一年后所得本利的总和可以大到怎样的程度呢? 一个人会不会因此而变成巨富呢?

一般地说, 将一年分为 n 个相等的时段, 存 $1/n$ 年到期后立即续存, 一年后本利总和为
$$\left(1+\frac{1}{n}\right)^n.$$

为考察当n之值愈来愈大时,$(1+\frac{1}{n})^n$之值的变化趋势,我们看下面的图表:

n	$(1+\frac{1}{n})^n$
1	2
2	2.25
3	2.370 37
4	2.441 41
5	2.488 32
10	2.593 74
50	2.691 59
100	2.704 81
1 000	2.716 92
10 000	2.718 15
100 000	2.718 27
1 000 000	2.718 28
10 000 000	2.718 28

由此可见,当n很大时,$(1+\frac{1}{n})^n$之值逐步稳定在 2.718 28 附近. 这启发我们,当$n \to +\infty$时,$(1+\frac{1}{n})^n$之值应有一个极限.

为了严格地证明这一点,令
$$x_n = \left(1+\frac{1}{n}\right)^n.$$
利用伯努利不等式(它可用数学归纳法容易地证明,留给读者)

$$(1+x)^n \geqslant 1+nx \quad (x > -1, \quad 整数\ n > 0),$$

容易看到

$$\begin{aligned}
\frac{x_{n+1}}{x_n} &= \left(1+\frac{1}{n+1}\right)\left(1+\frac{1}{n+1}\right)^n\left(1+\frac{1}{n}\right)^{-n} \\
&= \left(1+\frac{1}{n+1}\right)\left(\frac{n+2}{n+1}\right)^n\left(\frac{n+1}{n}\right)^{-n} \\
&= \left(1+\frac{1}{n+1}\right)\left(1-\frac{1}{(n+1)^2}\right)^n \\
&\geqslant \left(1+\frac{1}{n+1}\right)\left(1-\frac{n}{(n+1)^2}\right) \\
&= \frac{(n+2)(n^2+n+1)}{(n+1)^3} \\
&= \frac{n^3+3n^2+3n+2}{(n+1)^3} > 1,
\end{aligned}$$

从而$\{x_n\}$是一个单调增加的数列.

另一方面,令

$$y_n = \left(1+\frac{1}{n}\right)^{n+1}.$$

用类似方法可证,$\{y_n\}$是一个单调减少的数列. 于是,由

$$x_n < y_n \leqslant y_1 = 4,$$

知$\{x_n\}$是一个有界的数列.

由于单调有界数列必有极限,我们就知道当$n \to +\infty$时,$(1+\frac{1}{n})^n$的极限必存在,并记此极限为e:

$$e = \lim_{n\to\infty}\left(1+\frac{1}{n}\right)^n = 2.718\,28\cdots. \qquad (27)$$

这就是按照这种假想的存取款方式,在本金为 1 时一年后本利总和所可能达到的最大值. 这自然

不可能造成巨富,但即使如此,这样的收益在现实的金融世界中也是不可能实现的,因为绝没有一个银行会傻到采用这样支付利息的方式.但对于一些自然现象,例如一些动、植物的生长,由于是一个连续的过程,新生的部分立即和母体一起生长,是不断把"利息"随时加入到"本金"中去再生息的,大自然的复利正好契合上述的要求.

利用二项式定理进行展开,有

$$\left(1+\frac{1}{n}\right)^n = 1 + n\frac{1}{n} + \frac{n(n-1)}{2!}\left(\frac{1}{n}\right)^2$$
$$+ \frac{n(n-1)(n-2)}{3!}\left(\frac{1}{n}\right)^3 + \cdots + \left(\frac{1}{n}\right)^n$$
$$= 1 + \frac{1}{1!} + \frac{1-\frac{1}{n}}{2!} + \frac{(1-\frac{1}{n})(1-\frac{2}{n})}{3!}$$
$$+ \cdots + \frac{(1-\frac{1}{n})(1-\frac{2}{n})\cdots(1-\frac{n-1}{n})}{n!}.$$

将上式之右端视为一个尾部加了很多0的无穷级数的部分和,不论n之值为何,其第$k+1$项恒小于$1/k!$,故此级数关于n一致收敛,从而可对$n \to +\infty$逐项取极限,就得到

$$\lim_{n \to \infty}\left(1+\frac{1}{n}\right)^n = 1 + \frac{1}{1!} + \frac{1}{2!} + \frac{1}{3!} + \cdots.$$

这样,就得到了关于e的下述表达式

$$e = 1 + \frac{1}{1!} + \frac{1}{2!} + \frac{1}{3!} + \cdots. \tag{28}$$

于是,e可用一个收敛的无穷级数来表示.这个公式是牛顿于1665年最早得到的.

从前面的表中可见,利用$(1+\frac{1}{n})^n$当$n \to +\infty$时取极限,其收敛的速度是很缓慢的,而且对不同的 n 值,都需重新进行有关的繁复计算,但上面的级数则收敛得很快,可以很方便地用它来求得e的足够精确的值. 在下面的表格中提供了该级数前7个部分和的值.

$2 =$ 2

$2 + \frac{1}{2} =$ 2.5

$2 + \frac{1}{2} + \frac{1}{6} =$ 2.666$\cdots$

$2 + \frac{1}{2} + \frac{1}{6} + \frac{1}{24} =$ 2.708 333$\cdots$

$2 + \frac{1}{2} + \frac{1}{6} + \frac{1}{24} + \frac{1}{120} =$ 2.716 666$\cdots$

$2 + \frac{1}{2} + \frac{1}{6} + \frac{1}{24} + \frac{1}{120} + \frac{1}{720} =$ 2.718 055 5$\cdots$

$2 + \frac{1}{2} + \frac{1}{6} + \frac{1}{24} + \frac{1}{120} + \frac{1}{720} + \frac{1}{5\,040} =$ 2.718 253 968$\cdots$

由此可见,只算到七项,就已达到了很好的结果,而且每前进一步只需在前面结果中再加上很容易计算的下面一项就可以了.

除了上面的两个表达式(27)及(28)以外,欧拉于1737 年还得到了下面用连分数表示e的表达式:

$$e = 2 + \cfrac{1}{1 + \cfrac{1}{2 + \cfrac{2}{3 + \cfrac{3}{4 + \cfrac{4}{5 + \cdots}}}}} \qquad (29)$$

e的这个记号是首先由欧拉(1707—1783)引入的,并一直被人们延用至今. 这样引进的数e, 究竟是一个什么样的数, 究竟有一些什么性质呢?

图 11 欧拉

1737年欧拉首次证明了e为一个无理数, 从而它不可能写为一个有限小数或无穷循环小数. 后来, 法国数学家刘维尔(J. Liouville, 1809—1882)于1840年仅用了一页的篇幅给出了e是一个无理数的简化证明. 其后, 法国数学家埃尔米特(Charles Hermite, 1822—1901)于1873年又证明了e为一个超越数, 即 e 不可能是一个整系数多项式方程的根. 我们知道, 任何一个有理数q/p都是整系数方程$px - q = 0$之根, 而$\sqrt{2}$虽是一个无理数, 但它也是整系数多项式方程$x^2 - 2 = 0$的根. 有理数和$\sqrt{2}$那样的无理数统称为**代数数**, 而其余的"更为无理"的无理数(即不可能是一个整系数多项式方程之根的无理数)则称为

超越数. e和圆周率π一样, 不仅是一个无理数, 而且是一个超越数. e本身的这种复杂的内涵预示了它将具有很多重要性质和将要扮演一个极不平凡的角色.

下面, 我们给出e是一个无理数的简单证明, 以飨读者.

用反证法. 若e是一个有理数, 则必存在两个正整数a, b, 使
$$e = \frac{a}{b},$$
即
$$be = a,$$
从而对任何给定的正整数$n > 0$, 成立
$$n!\, be = n!\, a.$$
上式之右端为整数, 从而其左端$n!be$也应为整数. 但由(28)式,
$$e = \left(1 + \frac{1}{1!} + \frac{1}{2!} + \cdots + \frac{1}{n!}\right)$$
$$+ \left[\frac{1}{(n+1)!} + \frac{1}{(n+2)!} + \frac{1}{(n+3)!} + \cdots\right],$$
故
$$n!\, be = b n! \left(1 + \frac{1}{1!} + \frac{1}{2!} + \cdots + \frac{1}{n!}\right)$$
$$+ b\left[\frac{1}{n+1} + \frac{1}{(n+1)(n+2)}\right.$$
$$\left. + \frac{1}{(n+1)(n+2)(n+3)} + \cdots\right].$$

上式右端的第一项显然为整数,现在证明其第二项当n适当大时决不可能为整数,这就导出了矛盾.

为说明这一点,注意到

$$\begin{aligned}\frac{1}{n+1} &< \frac{1}{n+1} + \frac{1}{(n+1)(n+2)} \\ &\quad + \frac{1}{(n+1)(n+2)(n+3)} + \cdots \\ &< \frac{1}{n+1} + \frac{1}{(n+1)^2} + \frac{1}{(n+1)^3} + \cdots \\ &= \frac{1}{n+1} \cdot \frac{1}{1 - \frac{1}{n+1}} = \frac{1}{n}.\end{aligned}$$

就有

$$\frac{b}{n+1} < b\left[\frac{1}{n+1} + \frac{1}{(n+1)(n+2)} \right. \\ \left. + \frac{1}{(n+1)(n+2)(n+3)} + \cdots\right] < \frac{b}{n},$$

从而当n适当大$(n > b)$时,前式右端之第二项绝不可能为整数. 证毕.

五、自然指数函数和自然对数函数

在前节中已证明了(27)式, 即
$$\lim_{n\to+\infty}\left(1+\frac{1}{n}\right)^n = \mathrm{e}.$$
现在我们要证明上述极限在变量连续变化时的相应形式
$$\lim_{a\to+\infty}\left(1+\frac{1}{a}\right)^a = \mathrm{e}.$$

事实上, 对任意给定的 $a \geqslant 1$, 显然有
$$\left(1+\frac{1}{[a]+1}\right)^{[a]} < \left(1+\frac{1}{a}\right)^a < \left(1+\frac{1}{[a]}\right)^{[a]+1},$$
其中 $[a]$ 表示 a 的整数部分, 例如 $[2.41] = 2$. 当 $a\to +\infty$ 时, 上述不等式的两端对应于两个数列 $\left(1+\dfrac{1}{n+1}\right)^n$ 及 $\left(1+\dfrac{1}{n}\right)^{n+1}$, 而由(27), 易见有
$$\lim_{n\to\infty}\left(1+\frac{1}{n+1}\right)^n = \lim_{n\to\infty}\left(1+\frac{1}{n}\right)^{n+1} = \mathrm{e},$$
从而可立即得到所要的结果.

不仅如此, 我们还有
$$\lim_{a\to-\infty}\left(1+\frac{1}{a}\right)^a = \mathrm{e}.$$

事实上，令$b = -a$，当$a \to -\infty$时，$b \to +\infty$，从而

$$\lim_{a \to -\infty} \left(1 + \frac{1}{a}\right)^a = \lim_{b \to +\infty} \left(1 - \frac{1}{b}\right)^{-b}$$
$$= \lim_{b \to +\infty} \left(\frac{b}{b-1}\right)^b$$
$$= \lim_{b \to +\infty} \left[\left(1 + \frac{1}{b-1}\right)^{b-1} \left(1 + \frac{1}{b-1}\right)\right]$$
$$= \lim_{b \to +\infty} \left(1 + \frac{1}{b-1}\right)^{b-1} = \mathrm{e}.$$

将以上二式相结合，就得到

$$\lim_{a \to \infty} \left(1 + \frac{1}{a}\right)^a = \mathrm{e}. \tag{30}$$

于是，对任何给定的$x \in \mathbb{R}$，且$x \neq 0$，就有

$$\lim_{n \to \infty} \left(1 + \frac{x}{n}\right)^n = \lim_{\frac{n}{x} \to \infty} \left[\left(1 + \frac{x}{n}\right)^{\frac{n}{x}}\right]^x = \mathrm{e}^x.$$

而上式在$x = 0$时显然仍然成立．于是，对任何给定的$x \in \mathbb{R}$，都有

$$\lim_{n \to \infty} \left(1 + \frac{x}{n}\right)^n = \mathrm{e}^x. \tag{31}$$

这个极限是以e为底的(自然)指数函数e^x．

用前节中类似的方法，同样可以证明

$$\mathrm{e}^x = 1 + \frac{x}{1!} + \frac{x^2}{2!} + \frac{x^3}{3!} + \cdots. \tag{32}$$

这是指数函数e^x的幂级数展开式．它对任何给定的$x \in \mathbb{R}$均绝对收敛(即将x代以其绝对值$|x|$后仍收敛)，且可以逐项积分和求导．

将(32)式逐项求导,利用多项式的求导公式

$$(x^n)' = nx^{n-1},$$

就容易得到

$$(e^x)' = e^x. \tag{33}$$

因此,以e为底的指数函数e^x具有一个奇妙的性质:其导数就是它自身,从而其一切高阶导数都是如此.

事实上,除去一个常数因子以外,e^x是唯一一个具有上述奇妙性质的函数,这使它在数学中处于一个中心的角色.正如柯朗在《什么是数学》一书中所说:"自然指数函数和它的导数恒等.这实际上是指数函数所有性质的来源,并且是它在应用上所以重要的基本原因."

根据导数的定义,由(33)式,并特别取$x = 0$,就有

$$\lim_{h \to 0} \frac{e^h - 1}{h} = 1.$$

因此,对于以任何给定的$a(a > 0, a \neq 1)$为底的指数函数a^x,由(10)及(24)式,其导数

$$\begin{aligned}(a^x)' &= \lim_{h \to 0} \frac{a^{x+h} - a^x}{h} = a^x \lim_{h \to 0} \frac{a^h - 1}{h} \\ &= a^x \lim_{h \to 0} \frac{e^{h \log_e a} - 1}{h} = a^x \log_e a,\end{aligned}$$

即

$$(a^x)' = a^x \log_e a. \tag{34}$$

这里右端多了一个数量因子$\log_e a$，只有在$a = \mathrm{e}$时，才能得到简洁的表达式（33）.

指数函数$y = \mathrm{e}^x$的反函数，就是以e为底的对数$y = \log_e x$，称之为**自然对数**（Natural logarithm）函数，并常记为

$$y = \ln x \quad (x > 0). \tag{35}$$

纳皮尔所发明的对数，本质上是以$1/\mathrm{e}$为底的对数，因此，自然对数又常称为**纳皮尔对数**(Napierian logarithm).

现在来求自然对数函数$y = \ln x$的导数. 由导数的定义，并利用(31)式，容易得到

$$\begin{aligned}(\ln x)' &= \lim_{h \to 0} \frac{\ln(x+h) - \ln x}{h} = \lim_{h \to 0} \frac{\ln\left(1 + \frac{h}{x}\right)}{h} \\ &= \lim_{h \to 0} \ln\left(1 + \frac{h}{x}\right)^{\frac{1}{h}} = \frac{1}{x},\end{aligned}$$

即有

$$(\ln x)' = \frac{1}{x} \quad (x > 0). \tag{36}$$

而对以任何给定的$a(a > 0, a \neq 1)$为底的对数$y = \log_a x$，由换底公式(22)，有

$$\log_a x = \frac{\ln x}{\ln a}.$$

于是易知

$$(\log_a x)' = \frac{1}{\ln a}\frac{1}{x}. \tag{37}$$

它只在$a = \mathrm{e}$的特殊情况，才能得到如同(36)那样简洁而美观的公式.

指数函数及对数函数在数学分析中起着举足轻重的作用，对它们进行微分和积分是经常要进行的数学运算。尽管取怎样的数$a(a>0,\ a\neq 1)$为底作指数或对数，并不会真正改变问题的本质，但由于在实际使用中只须选定一个a作为底就行，在人们的面前就有了无数多种可能的选择。数学思维的一个本质的特点是：在众多可能的选择中，一定要选取最优的一种，以达到尽善尽美的境界。如前所述，当取$a=\mathrm{e}$时，相应指数函数及对数函数的导数均有简单的表达式(33)及(36)，否则就要出现一个累赘的常数因子$\ln a$或其倒数，这既不便于记忆，也不便于实际的应用。这样，用e为底定义指数与对数，就变成一个十分自然的选择，符合数学思维尽可能简洁、方便、实用及美观的要求。而一旦指数函数及对数函数这些重要的初等函数的公式变得简单了，许多以它们为基础的数学公式都会相应地变得简洁明了。这样的"轻装上阵"，真正是功德无量。为什么说以e为底的对数是自然对数，答案就在这儿。

自然对数的一个妙用，是可用它给出双曲线下图形的面积。这改变了以往将对数仅仅作为简化计算的工具的历史，将对数函数及e带到数学中的重要位置，开启了对对数函数的深入研究，并逐步揭示出其在微积分中的一系列重要应用。

在牛顿和莱布尼茨发明微积分之前，费马(P. de Fermat, 1601—1665)及帕斯卡(B. Pascal, 1623—1662)等人就已利用一系列特殊选取的小矩形面积的和来求一些曲线下的面积，这是定积分的雏形。特别地，

他们得到了幂函数的积分公式:

$$\int_0^a x^n \mathrm{d}x = \frac{a^{n+1}}{n+1} \quad (n > 0,\ 整数)$$

及

$$\int_a^\infty x^n \mathrm{d}x = \frac{a^{n+1}}{n+1} \quad (n < -1,\ 整数; a > 0),$$

即得到了幂函数 $y = x^n$ 在区间 $[0, a]$ (对 $n > 0$) 及 $[a, \infty)$ (对$n < -1$及$a > 0$)上所示曲线下的面积,但在$n = -1$,即$y = 1/x$时(此时,上二式右端之分母均为0),他们未能得到结果.求双曲线$y = 1/x$下的图形面积,成了17世纪中一个出名的数学难题.

后来,圣文生(G. Saint-Vincent, 1584—1667)发现,对双曲线$y = 1/x$而言,在费马及帕斯卡的构造中,成等比数列变化的小矩形的底边边长所对应的小矩形面积均是相同的,因此,曲线下的面积应相应地构成等差数列,从而面积与距离之间应成对数的关系.用现在的术语,通过自然对数,就有

$$\int_1^a \frac{\mathrm{d}x}{x} = \ln a \quad (a > 0), \tag{38}$$

即在区间$[1, a]$ (设$a > 1$)上双曲线$y = 1/x$曲线下的面积恰为$\ln a$. 特别地,有

$$\int_1^e \frac{\mathrm{d}x}{x} = 1, \tag{39}$$

即在区间$[1, e]$上双曲线$y = 1/x$曲线下的面积恰为1 (图12).

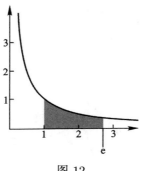

图 12

实际上,可利用双曲线$y = 1/x$下的面积,由(38)式给出自然对数$\ln x$的一个等价的定义. 正因为此,自然对数又称为**双曲线对数**.

在(38)中施行简单的积分变量替换$x = 1+t$,就容易得到

$$\int_0^x \frac{\mathrm{d}t}{1+t} = \ln(1+x) \quad (x > -1),$$

或写为(见图13)

$$\int_0^t \frac{\mathrm{d}x}{1+x} = \ln(1+t) \quad (t > -1).$$

由等比级数求和公式,易知

$$\frac{1}{1+t} = 1 - t + t^2 - t^3 + t^4 - \cdots \quad (-1 < t < 1),$$

再逐项积分后就得到

$$\ln(1+x) = x - \frac{x^2}{2} + \frac{x^3}{3} - \frac{x^4}{4} + \frac{x^5}{5} - \cdots \quad (-1 < x < 1).$$

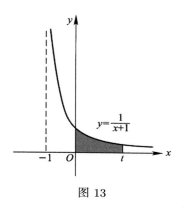

图 13

上式右端的级数在 $x=1$ 时仍收敛,于是由幂级数和的连续性,就有

$$\ln 2 = 1 - \frac{1}{2} + \frac{1}{3} - \frac{1}{4} + \frac{1}{5} - \cdots.$$

这样,最终可得到下述关于自然对数函数的幂级数展开式:

$$\ln(1+x) = x - \frac{x^2}{2} + \frac{x^3}{3} - \frac{x^4}{4} + \frac{x^5}{5} - \cdots \quad (-1 < x \leqslant 1). \tag{40}$$

可用这个级数求自然对数之值,从而制作相应的对数表,但此级数的收敛速度是相当慢的.

六、无所不在的 e

前节说过,不计常数因子,e^x 是唯一一个导数恒等于其自身的函数. 这就是说,微分方程

$$\frac{dy}{dx} = y \tag{41}$$

的解恒可写为

$$y = Ce^x, \tag{42}$$

其中C为一个任意常数.

要证明这一点,只要将上述微分方程写为分离变量的形式:

$$\frac{dy}{y} = dx,$$

并两边进行积分,注意到不计一个附加的任意常数,有

$$\int dx = x$$

及

$$\int \frac{dy}{y} = \ln|y|,$$

就可得到

$$\ln|y| = x + \ln\widetilde{C} \quad (\widetilde{C}\text{为任意正常数}),$$

即
$$\ln\frac{|y|}{\widetilde{C}} = x,$$
从而
$$|y| = \widetilde{C}e^x.$$
因为当 $\widetilde{C} = 0$ 时, $y = 0$ 也是方程(41)的解, 且 e^x 恒大于0, 这就容易得到所要证明的结果(42).

在很多自然现象中, 都有某个量对时间的变化率与该量成比例的情况:
$$\frac{dy}{dt} = ay \quad (a\text{为常数}). \tag{43}$$
注意到只要令 $x = at$, 此微分方程(43)就化为前述的方程(41), 故其解为
$$y = Ce^{at}, \tag{44}$$
其中 C 为该量在 $t = 0$ 时之初值. 因此, 在 $C > 0$ 时, 若 $a > 0$, 则该量随时间指数增长, 而若 $a < 0$, 则该量随时间指数衰减.

当 y 表示人口总数时, $a > 0$ 时的(43)—(44)就导致人口呈指数增长的结论, 这就是马尔萨斯的人口理论.

当 y 表示某放射性物质的质量 m 时, $a = -b < 0$ 时的(43)—(44)就导致放射性物质的衰变规律
$$m = m_0 e^{-bt},$$
其中 b 为衰变率, 而 m_0 为该放射性物质在初始时刻 $t = 0$ 时之质量.

放射性物质因衰变而质量减少一半所需的时间 T, 称为**半衰期**. 由

$$\frac{m_0}{2} = m_0 \mathrm{e}^{-bT},$$

可解得半衰期

$$T = \frac{\ln 2}{b}.$$

它只依赖于该放射性物质之衰变率b, 而和其初始质量m_0无关.

当y表示声波或光波的强度I时, 由于穿过空气时介质的吸收作用, $a = -b < 0$时的(43)—(44)（对应于兰伯(Lambert)吸收定律）就给出了其强度随距离指数衰减的规律:

$$I = I_0 \mathrm{e}^{-bx},$$

其中b为吸收率, 而I_0为初始强度.

设年利率为r, 并按第四节中所述的方法瞬间收取复利, 若y表示其本利和A, 则$a = r$时的(43)—(44)就给出t年后之本利和为

$$A = A_0 \mathrm{e}^{rt},$$

其中A_0为本金. 这时本利和随时间呈指数增长.

在热传导的研究中, 可以碰到更为复杂一些的情况. 设初始温度为T_0的物体放置在恒温T_1的环境中, 且$T_0 > T_1$. 根据牛顿冷却定律, 物体温度T的下降速度应与物体与环境间的温度差$T - T_1$成正比:

$$\frac{\mathrm{d}T}{\mathrm{d}t} = -a(T - T_1),$$

其中$a > 0$为比例系数.

令

$$\overline{T} = T - T_1,$$

就得到
$$\frac{\mathrm{d}\overline{T}}{\mathrm{d}t} = -a\overline{T},$$
而
$$t = 0 : \overline{T} = T_0 - T_1.$$
同上类似地可得
$$\overline{T} = (T_0 - T_1)\mathrm{e}^{-at},$$
从而物体的温度
$$T = T_1 + (T_0 - T_1)\mathrm{e}^{-at}.$$

于是,在任何固定的时刻t,该物体的温度T恒大于T_1,但当$t \to +\infty$时指数衰减到T_1.

在考察跳伞者的下落速度时,也碰到类似的情况. 设跳伞者之下落速度为v,在其下落过程中,除受重力作用外,还要受到与速度成正比的阻力(其阻力系数设为k). 于是,由牛顿第二定律,可得v所满足的微分方程为
$$m\frac{\mathrm{d}v}{\mathrm{d}t} = mg - kv,$$
其中的m为跳伞者的质量. 上式可写为
$$\frac{\mathrm{d}v}{\mathrm{d}t} = g - av = -a(v - d),$$
其中简记
$$a = \frac{k}{m} \quad 及 \quad d = \frac{g}{a}.$$

这儿出现的微分方程与前面冷却问题中的微分方程属同一形式,于是我们立刻可得

$$v = d + (v_0 - d)\mathrm{e}^{-at}$$
$$= \frac{g}{a}(1 - \mathrm{e}^{-at}) + v_0 \mathrm{e}^{-at},$$

其中v_0为跳伞者的初速度.

由上面的解可见,不论跳伞者的初速度v_0有没有或是有多大,解中第二项均随时间t而指数衰减,很快将不起什么作用,而当$t \to +\infty$时的极限速度恒为

$$v_\infty = \frac{g}{a} = \frac{mg}{k}.$$

这就是跳伞者最后以等速下落时的速度.

在电路的充放电中,也会碰到类似的例子.

在第三节中我们已经说过,人类对各种刺激的反应,例如对声音响度的感知、对光源亮度的感知、受到某种打击所感到的痛苦等等,采用的均是对数的尺度. 要说明这一事实,要用到如下的韦伯-费克纳定律(Weber-Fechner Law): 人的反应与刺激增加的相对量(而非绝对量!)成正比. 由此,就有

$$\mathrm{d}S = k \frac{\mathrm{d}W}{W},$$

其中W为刺激量,$\mathrm{d}W$为其增量,$\mathrm{d}W/W$就是刺激增加的相对量,$\mathrm{d}S$为人的反应的增量,而正数k为一个比例系数. 利用(38)式,将上式两端分别积分,就得到

$$S = k \ln W + C,$$

其中C是一个任意常数. 设$W = W_0 > 0$是不使人产生反应的刺激的最大值,即

$$\text{当}W = W_0\text{时}, \quad S = 0,$$

就有$C = -k \ln W_0$,从而

$$S = k \ln \frac{W}{W_0}.$$

上式也可写为

$$W = W_0 \mathrm{e}^{\frac{S}{k}}.$$

这就从根本上解释了为什么人类的生理反应遵循对数规律:刺激强度以等比数列增加,而相应的生理反应则以等差数列增加. 这里以e为底的指数或对数同样扮演了关键的角色.

求适当光滑的非零函数$y = f(x)$,使得对任何$x, y \in \mathbb{R}$,成立

$$f(x + y) = f(x)f(y), \tag{45}$$

这是一个函数方程的求解问题. 它的求解也导致以e为底的指数函数.

事实上,在(45)中同时令$x = y = 0$,易得

$$f(0) = 0 \text{ 或 } 1.$$

但若$f(0) = 0$,函数方程(45)的解必恒为零(这在(45)中令$y = 0$立即可见),与题意矛盾,于是

$$f(0) = 1.$$

假设所求的解$y = f(x)$可以求导. 记其在$x = 0$处的导数为

$$a = f'(0) = \lim_{h \to 0} \frac{f(h) - f(0)}{h} = \lim_{h \to 0} \frac{f(h) - 1}{h},$$

则由(45)式, 其在x处之导数由定义为

$$f'(x) = \lim_{h \to 0} \frac{f(x+h) - f(x)}{h} = \lim_{h \to 0} \frac{f(x)f(h) - f(x)}{h}$$
$$= f(x) \lim_{h \to 0} \frac{f(h) - 1}{h} = af(x).$$

于是$y = f(x)$是微分方程

$$\frac{\mathrm{d}y}{\mathrm{d}x} = ay \quad (a\text{为常数})$$

满足初始条件

$$x = 0 : y = 1$$

的解, 故由(41)及(42), 易得

$$y = \mathrm{e}^{ax}.$$

这样, 函数方程(45)的解必为以e为底的上述指数函数, 其中a为一个任意给定的常数.

由自然数的倒数组成的级数

$$1 + \frac{1}{2} + \frac{1}{3} + \cdots$$

称为**调和级数**. 这是一个发散的级数: 其前面n项的部分和

$$1 + \frac{1}{2} + \frac{1}{3} + \cdots + \frac{1}{n}$$

当$n \to +\infty$时趋于无穷. 要刻画这个部分和是以怎样的速度趋于无穷, 同样要用到以e为底的自然对数. 事实上, 可以证明: 当$n \to +\infty$时, 此级数前n项的部分和与$\ln n$之差

$$(1 + \frac{1}{2} + \frac{1}{3} + \cdots + \frac{1}{n}) - \ln n$$

趋向于一个常数C, 称为**欧拉常数**, 其值约为

$$C = 0.577\,215\cdots.$$

这就是说, 调和级数的部分和趋于无穷的发散速度与$\ln n$的发散速度相当.

欧拉常数是一个重要的数学常数. 人们猜测它应该是一个超越数, 即不可能是一个整系数多项式方程的根. 但到目前为止, 甚至欧拉常数到底是一个无理数还是一个有理数都还没有得到结论.

由于以e为底的自然指数函数及自然对数函数有很好的性质, 在高等数学中不仅时时可见它们的踪影, 而且往往起着关键的作用. 譬如说, 在推广阶乘概念的第二类欧拉积分(Γ函数)的定义中, 在求解微分方程的有力工具拉普拉斯变换的定义中, 在由高斯首先提出的描述素数的渐近分布律中, 在概率论中广泛使用的正态分布的表达式中, 在刻画阶乘的渐近性态的斯特林(Stirling)公式中, 甚至在罗巴切夫斯基所创立的非欧几何求圆周长的公式中……都是如此. 这些在高等数学中举足轻重的内容, 都本质上依赖于e以及以其为底的指数与对数.

七、离不开 e 的奇妙曲线

将一根粗细及质地均匀、完全柔软的绳悬挂在两个端点，其在重力作用下的平衡位置，称为**悬链线**。这是我们在日常生活中经常可见的一类曲线，挂在院子里晾衣服的绳索，一根粗细及质地均匀的项链挂在脖子上，都大体上呈悬链线的形状。

最初，伽利略（1564—1642）认为悬链线是一条抛物线。悬链线的形状的确很像抛物线，但惠更斯（1629—1695）在他17岁的时候就证明了它不可能为抛物线。那么，悬链线究竟是一条什么曲线呢？这是微积分发明后的数十年中，数学界最著名的问题之一。

伯努利家族中的雅可布·伯努利（1654—1705）于1690年将这一疑难问题正式提了出来，最终由惠更斯、莱布尼茨（1646—1716）及其弟约翰·伯努利（1667—1748）在一年后的1691年差不多同时解决。结果是：悬链线为方程

$$y = \frac{a}{2}\left(e^{\frac{x}{a}} + e^{-\frac{x}{a}}\right) \tag{46}$$

所表示的曲线，其中 a 是依赖于链的物理性质的一个正常数（图15）。这一结果充分显示了问世不久的微

积分的威力，不仅增加了发现者的声誉，也为微积分大大增添了光彩.

图 14 悬链线

这里应该说明，e这个符号的引入以及对指数函数e^x作为一个函数来认真对待和研究，是欧拉（1707—1783）的功绩. 上述的悬链线方程，用的是现在的记号和术语，并不是17世纪末期当年的形式，但可以更清楚地揭示事情的本质. 从此式可以看到，对悬链线的描述又一次不可避免地用到了e.

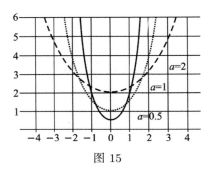

图 15

上述悬链线的表达式(46)是从求解悬链线应满足的微分方程而得的，而这个微分方程是在每个链的微元上利用重力和沿着链切线方向的张力的平衡关系得到的. 这一微分方程的推导及求解过程, 限于篇幅, 这里从略.

特别在(46)中令 $a = 1$, 就得到

$$y = \frac{\mathrm{e}^x + \mathrm{e}^{-x}}{2}.$$

上式右端的函数常记为

$$\mathrm{ch}\, x = \frac{\mathrm{e}^x + \mathrm{e}^{-x}}{2}, \tag{47}$$

称为**双曲余弦函数**, 又相应地记

$$\mathrm{sh}\, x = \frac{\mathrm{e}^x - \mathrm{e}^{-x}}{2}, \tag{48}$$

称为**双曲正弦函数**.

容易证明恒成立

$$\mathrm{ch}^2 x - \mathrm{sh}^2 x = 1. \tag{49}$$

又由于e^x的导数恒等于其自身, 易知有如下的求导公式:

$$(\mathrm{sh}\, x)' = \mathrm{ch}\, x, \tag{50}$$

$$(\mathrm{ch}\, x)' = \mathrm{sh}\, x. \tag{51}$$

此外, 还显然有

$$\mathrm{sh}(-x) = -\mathrm{sh}\, x, \tag{52}$$

$$\mathrm{ch}(-x) = \mathrm{ch}\, x. \tag{53}$$

这些，和三角函数所满足的关系式

$$\sin^2 x + \cos^2 x = 1, \tag{54}$$

$$(\sin x)' = \cos x, \tag{55}$$

$$(\cos x)' = -\sin x \tag{56}$$

及

$$\sin(-x) = -\sin x, \tag{57}$$

$$\cos(-x) = \cos x \tag{58}$$

有异曲同工之妙。这两个函数ch x及sh x和三角函数cos x及sin x相似，它们分别命名为双曲余弦函数及双曲正弦函数的原因，由此可见端倪，而更深刻的理解可见下节。

另一个与e密切有关的重要曲线是**对数螺线**，它是由雅可布·伯努利所首先发现的。在极坐标(r,θ)下，这一曲线用如下的方程来描述：

$$\ln r = a\theta \tag{59}$$

或

$$r = \mathrm{e}^{a\theta}, \tag{60}$$

其中a为不为零的常数。由于在伯努利的时代，指数函数还没有被单独视为一个函数，故名为对数螺线。对数螺线在$a > 0$及$a < 0$两种情形的图像分别见图16，它们是互为镜像对称的。

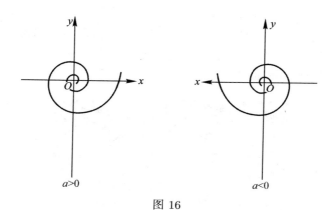

图 16

由对数螺线的表达式(59)或(60),当极角 θ 以公差为1的等差数列增加时,矢径 r 以公比为 e^a 的等比序列增加. 当极角由任何给定的 θ 增加到 $2\pi + \theta$(即绕了一圈)时,矢径增加到原矢径的 $e^{2\pi a}$ 倍. 因此,对数螺线是一个绕极点不断($a > 0$ 时逆时针,$a < 0$ 时顺时针)旋转、而矢径随极角等比增加的螺线.

图 17 鹦鹉螺化石

对数螺线是许多自然形体偏好的生长形态. 例如鹦鹉螺的壳,从现存的化石上清晰可见,其花纹就具有对数螺线的形状,这应该也是大自然复利律的一种表现形式.此外,向日葵种子的排列、天体中的螺旋星系等等都可以看成是对数螺线的表现形式.

图18 螺旋星系

法国巴黎城区自1860年起由原来的12个区扩大划分为20个区,每个区以数字编号,自市中心原皇宫地区为第1区开始,以螺线的形式顺时针向外旋转,相应各区的面积也愈来愈大(见图19),这就有一点像对数螺线的形状.从不太精确的意义上也可以说,巴黎的城区是以对数螺线为序排列的.

对数螺线有很多极为有趣的几何性质.

例如说,沿对数螺线向内,要走无穷多圈才能到达极点,但总的距离是有限的.在出发点P位于横轴上时,此距离等于P点与从P点做的切线与纵轴交点T之间的距离$\overline{PT}$(图20).

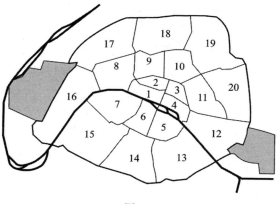

图 19

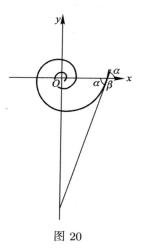

图 20

此外，过极点的每一条矢径都以相同的角度与对数螺线相交（即由极点从每一个角度看曲线，视线与曲线之夹角均相等）（图21），且对数螺线是除圆以外唯一具有这一性质的曲线，故又称为**等角螺线**。在圆的情形，这一交角为 $\frac{\pi}{2}$，而圆的方程 $r = 1$ 正好相当于对数螺线方程中 $a = 0$ 的例外情况。

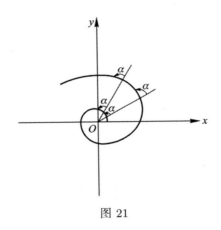

图 21

兀鹰捕捉猎物时的飞行轨道不是直线，而是一条对数螺线。这是因为兀鹰的眼睛分布在其头部的两侧，发现猎物后用一只眼睛死死盯住不放，并始终以头部正前方的方向为飞行的方向。设猎物位于原点，由于其一只眼与猎物的连线与头部正前方之间有一个固定的夹角，兀鹰在飞行中的切线方向都始终与相应的矢径方向保持同一角度，从而它的飞行轨道恰好是一条对数螺线. 兀鹰有知, 说不定也会对e表示钦佩和赞叹.

雅可布·伯努利对对数螺线特别感兴趣的一点, 是他发现了对数螺线在很多几何变换下均具有不变性, 即均仍为对数螺线. 例如, 对数螺线 (59) 或 (60) 在反演变换 (将(r,θ)变为$(1/r,\theta)$) 下仍变为对数螺线(59)或(60), 只是a变为$-a$. 又如, 对数螺线 (59) 或 (60) 的渐屈线 (曲线上每一点曲率中心的轨迹) 仍为同一对数螺线. 此外, 对数螺线 (59) 或 (60) 的垂足曲线 (从极点对曲线的切线作垂线, 所有的垂足构成的轨迹) 仍为同一对数螺线, 等等. 这些发现促使雅可布·伯努利将对数螺线称为神奇的曲线, 表示要在他的墓碑上刻上一条对数螺线, 并加上 "万变不离其宗" 的碑文. 现今在巴赛尔的蒙斯特 (Münster) 大教堂的回廊上, 人们可以看到雅可布·伯努利的这一墓碑, 可惜在墓碑上所刻的螺线并不是像鹦鹉螺壳那样形状的对数螺线, 而只是阿基米德螺线, 其极坐标方程为

$$\rho = a\theta \quad (a \text{ 常数}).$$

这一螺线的特点是: 当幅角θ以等差数列增加时, 矢径ρ也以同样的等差数列 (而不是等比数列!) 增加. 雅可布·伯努利泉下之灵, 定将捶胸顿足.

图 22 雅可布·伯努利的墓碑

八、由实变数到复变数

在数学发展的历史上,和现在人们的想象相反,对数的概念早于指数.欧拉是最早(1728)将指数与对数的概念明确地联系起来,认识到指数函数的重要性,并对指数函数深入开展研究的人,从而也进一步深刻地揭示了对数函数的性质.

在欧拉的时代,微积分正在充分显示着它的巨大威力,取得了很多成功且奇妙的应用,但微积分的严格理论基础还远未建立,当时的数学家似乎漫不经心地推导着各种各样的公式和结果,对有关运算在逻辑上的合理性都不太在意,但在不少情况下他们的结论又往往实际上是正确的.可以说,当时的很多数学家都是一些具有天才直觉的微积分的"玩家",他们开疆拓土,勇敢地占领着各种阵地,将他们原创性的聪明才智发挥到极致,而将精雕细刻的严格论证,将很多必要的"善后工作",留给了后人.在他们当中最杰出的人物是欧拉,他当得上是一个最大的"玩家".

由第五节中的(32)式,指数函数e^x可用如下的级数来定义:

$$e^x = 1 + \frac{x}{1!} + \frac{x^2}{2!} + \frac{x^3}{3!} + \cdots,$$

其中$x\in\mathbb{R}$. 在上式中, 自变量x本来只限于实数, 但欧拉却"突发奇想"地用$\mathrm{i}x$代替x, 得到

$$\begin{aligned}\mathrm{e}^{\mathrm{i}x} &= 1 + \frac{\mathrm{i}x}{1!} + \frac{(\mathrm{i}x)^2}{2!} + \frac{(\mathrm{i}x)^3}{3!} + \frac{(\mathrm{i}x)^4}{4!} + \cdots \\ &= 1 + \frac{\mathrm{i}x}{1!} - \frac{x^2}{2!} - \frac{\mathrm{i}x^3}{3!} + \frac{x^4}{4!} + \cdots.\end{aligned}$$

在做了这个匪夷所思的第一步后, 欧拉又接着出人意料地用改变级数中无穷多项的次序的方法 (这一般是不允许的!) 将实部及虚部分开, 而得

$$\mathrm{e}^{\mathrm{i}x} = \left(1 - \frac{x^2}{2!} + \frac{x^4}{4!} - \cdots\right) + \mathrm{i}\left(x - \frac{x^3}{3!} + \frac{x^5}{5!} - \cdots\right).$$

由于当时已经知道三角函数$\cos x$及$\sin x$的幂级数展开式分别为

$$\cos x = 1 - \frac{x^2}{2!} + \frac{x^4}{4!} - \cdots$$

及

$$\sin x = x - \frac{x^3}{3!} + \frac{x^5}{5!} - \cdots,$$

其中$x\in\mathbb{R}$, 这就得到了下面的**欧拉公式** (见图23):

$$\mathrm{e}^{\mathrm{i}x} = \cos x + \mathrm{i}\sin x. \tag{61}$$

特别在此式中取$x=\pi$, 就得到

$$\mathrm{e}^{\mathrm{i}\pi} + 1 = 0. \tag{62}$$

在这个式子中, 五个最重要的数学常数0, 1, π, i及e结合在一起, 无异五朵金花同时绽放. 其中π来自几何, i来自代数, 而e来自分析(微积分), 这三个出身和

来历各异的数学常数用这样和谐的方式走到一起,无疑是一个奇迹.正因为此,人们普遍认为(62)式是数学上最美的一个公式.在法国巴黎发现宫中π大厅的门框上方,人们都可以醒目地发现这个公式.

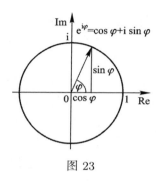

图 23

图 24　π大厅

由(61)式,有

$$e^{-ix} = \cos x - i\sin x,$$

因此，就得到

$$\cos x = \frac{e^{ix} + e^{-ix}}{2}, \tag{63}$$

$$\sin x = \frac{e^{ix} - e^{-ix}}{2i}. \tag{64}$$

这就是说，三角函数$\cos x$及$\sin x$可用复变数的指数函数的线性组合来表示．换言之，由实变数到复变数，就实现了指数函数与三角函数之间的相互转化，揭示了指数函数与三角函数之间深刻的联系．

将这里的公式(63)—(64)与前面关于双曲余弦及双曲正弦函数的相应公式(47)—(48)对照，可以发现它们之间明显的相似．

当年欧拉似乎随心所欲的上述做法，在理论上其实是经得起推敲的．事实上，指数函数在实数域上的定义可以类似地推广到复数域上去．对任何复数$z = x + iy$，级数

$$1 + \frac{z}{1!} + \frac{z^2}{2!} + \frac{z^3}{3!} + \cdots$$

同样是绝对收敛的(即每一项取模后所相应的级数收敛)，因此可由此定义自变数为复数的指数函数

$$e^z = 1 + \frac{z}{1!} + \frac{z^2}{2!} + \frac{z^3}{3!} + \cdots. \tag{65}$$

它是一个复值的函数，可以逐项求导或积分，且当z取实值x时，就是原先的指数函数e^x(实际上e^z是e^x在复平面上唯一的一个解析延拓)．同时e^z还保留着原先指数函数e^x的很多重要的性质．例如

$$e^{z_1+z_2} = e^{z_1} e^{z_2}, \tag{66}$$

同时，它对复自变数的求导亦等于它自身：

$$\frac{\mathrm{d}}{\mathrm{d}z}(\mathrm{e}^z) = \mathrm{e}^z. \tag{67}$$

注意到 $z = x + \mathrm{i}y$，由(66)及(61)式，就有

$$\mathrm{e}^z = \mathrm{e}^{x+\mathrm{i}y} = \mathrm{e}^x \mathrm{e}^{\mathrm{i}y} = \mathrm{e}^x(\cos\ y + \mathrm{i}\sin\ y). \tag{68}$$

这个式子也可以用来作为指数函数 e^z 的一个等价的定义.

参照(63)—(64)式，就可以将三角函数的定义用如下的方式由实数域拓展到复数域：

$$\cos\ z = \frac{\mathrm{e}^{\mathrm{i}z} + \mathrm{e}^{-\mathrm{i}z}}{2}, \tag{69}$$

$$\sin\ z = \frac{\mathrm{e}^{\mathrm{i}z} - \mathrm{e}^{-\mathrm{i}z}}{2\mathrm{i}}, \tag{70}$$

其中 $z = x + \mathrm{i}y$.

易知，与(54)—(58)类似，此时仍有

$$\sin^2 z + \cos^2 z = 1, \tag{71}$$

$$\frac{\mathrm{d}}{\mathrm{d}z}(\sin\ z) = \cos\ z, \tag{72}$$

$$\frac{\mathrm{d}}{\mathrm{d}z}(\cos\ z) = -\sin\ z \tag{73}$$

以及

$$\sin(-z) = -\sin\ z, \tag{74}$$

$$\cos(-z) = \cos\ z. \tag{75}$$

再利用(68)式，有

$$\mathrm{e}^{\mathrm{i}z} = \mathrm{e}^{\mathrm{i}(x+\mathrm{i}y)} = \mathrm{e}^{-y+\mathrm{i}x} = \mathrm{e}^{-y}(\cos\ x + \mathrm{i}\sin\ x),$$

67

$$e^{-iz} = e^{-i(x+iy)} = e^{y-ix} = e^y(\cos x - i\sin x),$$

因此, 由(69)—(70)式, 就得到

$$\cos z = \cos x \operatorname{ch} y - i\sin x \operatorname{sh} y, \qquad (76)$$

$$\sin z = \sin x \operatorname{ch} y + i\cos x \operatorname{sh} y. \qquad (77)$$

在其中特别取 $z = iy$, 就得到

$$\cos(iy) = \operatorname{ch} y, \qquad (78)$$

$$\sin(iy) = i\operatorname{sh} y. \qquad (79)$$

类似于(47)—(48), 我们可以定义

$$\operatorname{ch} z = \frac{e^z + e^{-z}}{2}, \qquad (80)$$

$$\operatorname{sh} z = \frac{e^z - e^{-z}}{2}. \qquad (81)$$

与(49)—(53)类似, 此时同样有

$$\operatorname{ch}^2 z - \operatorname{sh}^2 z = 1, \qquad (82)$$

$$\frac{\mathrm{d}}{\mathrm{d}z}(\operatorname{sh} z) = \operatorname{ch} z, \qquad (83)$$

$$\frac{\mathrm{d}}{\mathrm{d}z}(\operatorname{ch} z) = \operatorname{sh} z \qquad (84)$$

及

$$\operatorname{sh}(-z) = -\operatorname{sh} z, \qquad (85)$$

$$\operatorname{ch}(-z) = \operatorname{ch} z. \qquad (86)$$

此外，由

$$e^z = e^{x+iy} = e^x(\cos\ y + i\sin\ y),$$

$$e^{-z} = e^{-(x+iy)} = e^{-x}(\cos\ y - i\sin\ y),$$

易知有

$$\text{ch}\ z = \text{ch}\ x\cos\ y + i\text{sh}\ x\sin\ y, \tag{87}$$

$$\text{sh}\ z = \text{sh}\ x\cos\ y + i\text{ch}\ x\sin\ y. \tag{88}$$

由相应的定义(69)—(70)及(80)—(81)，容易得到

$$\cos(iz) = \text{ch}\ z, \tag{89}$$

$$\sin(iz) = i\text{sh}\ z \tag{90}$$

及

$$\text{ch}(iz) = \cos\ z, \tag{91}$$

$$\text{sh}(iz) = i\sin\ z. \tag{92}$$

这就是说，在复数域中，三角函数与双曲三角函数实际上可以互相转换。这就揭示了将 ch x 及 sh x 分别命名为双曲余弦函数及双曲正弦函数的深刻背景。

上面看到，指数函数的定义已经可以成功地由实数域拓展到复数域，那么，对数函数的定义能否同样由实数域拓展到复数域呢？欧拉同样成功地做到了这一点。为此，将任一复数 $z \neq 0$ 用其模 r 及辐角 θ 来表示：

$$z = re^{i\theta}, \tag{93}$$

其中$0 \leqslant \theta < 2\pi$. 由于$e^{2\pi i} = 1$, 将$\theta$换为$\theta + 2k\pi$($k = 0, \pm 1, \pm 2, \cdots$)时上式不变. 因此定义

$$\ln z = \ln r + i(\theta + 2k\pi) \quad (k = 0, \pm 1, \pm 2, \cdots). \tag{94}$$

它是一个多值的函数, 而其**主值**定义为

$$\text{Ln } z = \ln r + i\theta. \tag{95}$$

特别地, 当z为实数$x > 0$时, 相应的$r = x$, 而$\theta = 0$, 故在复数域中其对数已不单纯是$\ln x$, 而是一个多值的函数

$$\ln x + 2k\pi i \quad (k = 0, \pm 1, \pm 2, \cdots),$$

而其主值$\text{Ln } x$为原先的$\ln x$.

容易证明, 由(94)式定义的对数函数, 仍满足

$$\ln(z_1 z_2) = \ln z_1 + \ln z_2. \tag{96}$$

有了复数域中对数的定义, 我们就可以将原先只对函数$x > 0$定义的对数$\ln x$拓展到负数$-x$的情形. 最早在这一方面进行尝试的是达朗贝尔(D'Alembert, 1717—1783), 他断言

$$\ln(-x) = \ln x,$$

从而认为$\ln(-1) = \ln 1 = 0$. 他的论证如下: 由

$$(-x)^2 = x^2,$$

两端取对数, 得

$$\ln(-x)^2 = \ln x^2,$$

从而
$$2\ln(-x) = 2\ln x,$$
即得所求. 但因$-x < 0$, $\ln(-x)^2 = 2\ln(-x)$这一步是不能成立的. 在这一情况下, 他的"随心所欲"终于导致了恶果. 这也从反面说明了在数学上进行严格论证的重要性.

那么, 在$x < 0$时, $\ln x$等于多少呢? 由上述, 利用
$$x = |x|e^{i\pi},$$
在$x < 0$时, 就有
$$\begin{aligned}\ln x &= \ln|x| + i(\pi + 2k\pi) \\ &= \ln|x| + i(2k+1)\pi \quad (k = 0, \pm 1, \pm 2, \cdots),\end{aligned}$$
而其主值为
$$\mathrm{Ln}\, x = \ln|x| + \pi i.$$

特别, $\ln(-1)$的主值
$$\mathrm{Ln}(-1) = \pi i.$$

类似地, 由于
$$i = 1 \cdot e^{\frac{\pi}{2}i},$$
故
$$\begin{aligned}\ln i &= \ln 1 + \left(\frac{\pi}{2} + 2k\pi\right)i \\ &= \left(\frac{1}{2} + 2k\right)\pi i \quad (k = 0, \pm 1, \pm 2, \cdots),\end{aligned}$$

而其主值为
$$\operatorname{Ln} i = \frac{\pi}{2}\mathrm{i}.$$

欧拉将指数函数与对数函数由实数域拓展到复数域的大胆创新，不仅大大加深了对指数函数与对数函数的理解，而且为创建复变函数论这一有丰富内涵及广泛应用的新学科作出了先驱性的重要贡献．其后经柯西(Cauchy, 1789—1857)，黎曼 (Riemann, 1826—1866)及魏尔斯特拉斯(Weierstrass,1815—1897)等人的努力，复变函数论成为19世纪中最重要的三大数学成就之一(另二项为抽象代数与非欧几何)．本书讨论的数e在这当中同样是功不可没的．

附表 常用对数的尾数表（兼作常用对数的反对数表）

log	0	1	2	3	4	5	6	7	8	9					尾		差			
											1	2	3	4	5	6	7	8	9	
10	0000	0043	0086	0128	0170	0212	0253	0294	0334	0374	4	8	12	17	21	25	29	33	37
11	0414	0453	0492	0531	0569	0607	0645	0682	0719	0755	4	8	11	15	19	23	26	30	34
12	0792	0828	0864	0899	0934	0969	1004	1038	1072	1106	3	7	10	14	17	21	24	28	31
13	1139	1173	1206	1239	1271	1303	1335	1367	1399	1430	3	6	10	13	16	19	22	26	29
14	1461	1492	1523	1553	1584	1614	1644	1673	1703	1732	3	6	9	12	15	18	21	24	27
15	1761	1790	1818	1847	1875	1903	1931	1959	1987	2014	3	6	8	11	14	17	20	22	25
16	2041	2068	2095	2122	2148	2175	2201	2227	2253	2279	3	5	8	11	13	16	18	21	24
17	2304	2330	2355	2380	2405	2430	2455	2480	2504	2529	2	5	7	10	12	15	17	20	22
18	2553	2577	2601	2625	2648	2672	2695	2718	2742	2765	2	5	7	9	12	14	16	19	21
19	2788	2810	2833	2856	2878	2900	2923	2945	2967	2989	2	4	7	9	11	13	16	18	20

续表

log	0	1	2	3	4	5	6	7	8	9	尾差								
											1	2	3	4	5	6	7	8	9
20	3010	3032	3054	3075	3096	3118	3139	3160	3181	3201	2	4	6	8	11	13	15	17	19
21	3222	3243	3263	3284	3304	3324	3345	3365	3385	3404	2	4	6	8	10	12	14	16	18
22	3424	3444	3464	3483	3502	3522	3541	3560	3579	3598	2	4	6	8	10	12	14	15	17
23	3617	3636	3655	3674	3692	3711	3729	3747	3766	3784	2	4	6	7	9	11	13	15	17
24	3802	3820	3838	3856	3874	3892	3909	3927	3945	3962	2	4	5	7	9	11	12	14	16
25	3979	3997	4014	4031	4048	4065	4082	4099	4116	4133	2	3	5	7	9	10	12	14	15
26	4150	4166	4183	4200	4216	4232	4249	4265	4281	4298	2	3	5	7	8	10	11	13	15
27	4314	4330	4346	4362	4378	4393	4409	4425	4440	4456	2	3	5	6	8	9	11	13	14
28	4472	4487	4502	4518	4533	4548	4564	4579	4594	4609	2	3	5	6	8	9	11	12	14
29	4624	4639	4654	4669	4683	4698	4713	4728	4742	4757	1	3	4	6	7	9	10	12	13
30	4771	4786	4800	4814	4829	4843	4857	4871	4886	4900	1	3	4	6	7	9	10	11	13
31	4914	4928	4942	4955	4969	4983	4997	5011	5024	5038	1	3	4	6	7	8	10	11	12
32	5051	5065	5079	5092	5105	5119	5132	5145	5159	5172	1	3	4	5	7	8	9	11	12
33	5185	5198	5211	5224	5237	5250	5263	5276	5289	5302	1	3	4	5	6	8	9	10	12

续表

log	0	1	2	3	4	5	6	7	8	9	尾 差								
											1	2	3	4	5	6	7	8	9
34	5315	5328	5340	5353	5366	5378	5391	5403	5416	5428	1	3	4	5	6	8	9	10	11
35	5441	5453	5465	5478	5490	5502	5514	5527	5539	5551	1	2	4	5	6	7	9	10	11
36	5563	5575	5587	5599	5611	5623	5635	5647	5658	5670	1	2	4	5	6	7	8	10	11
37	5682	5694	5705	5717	5729	5740	5752	5763	5775	5786	1	2	3	5	6	7	8	9	10
38	5798	5809	5821	5832	5843	5855	5866	5877	5888	5899	1	2	3	5	6	7	8	9	10
39	5911	5922	5933	5944	5955	5966	5977	5988	5999	6010	1	2	3	4	5	7	8	9	10
40	6021	6031	6042	6053	6064	6075	6085	6096	6107	6117	1	2	3	4	5	6	8	9	10
41	6128	6138	6149	6160	6170	6180	6191	6201	6212	6222	1	2	3	4	5	6	7	8	9
42	6232	6243	6253	6263	6274	6284	6294	6304	6314	6325	1	2	3	4	5	6	7	8	9
43	6335	6345	6355	6365	6375	6385	6395	6405	6415	6425	1	2	3	4	5	6	7	8	9
44	6435	6444	6454	6464	6474	6484	6493	6503	6513	6522	1	2	3	4	5	6	7	8	9
45	6532	6542	6551	6561	6571	6580	6590	6599	6609	6618	1	2	3	4	5	6	7	8	9
46	6628	6637	6646	6656	6665	6675	6684	6693	6702	6712	1	2	3	4	5	6	7	7	8

续表

log	0	1	2	3	4	5	6	7	8	9	尾差									
											1	2	3	4	5	6	7	8	9	
47	6721	6730	6739	6749	6758	6767	6776	6785	6794	6803	1	2	3	4	5	6	7	8	9	
48	6812	6821	6830	6839	6848	6857	6866	6875	6884	6893	1	2	3	4	5	5	6	7	8	
49	6902	6911	6920	6928	6937	6946	6955	6964	6972	6981	1	2	3	4	4	5	6	7	8	
50	6990	6998	7007	7016	7024	7033	7042	7050	7059	7067	1	2	3	4	4	5	6	7	8	
51	7076	7084	7093	7101	7110	7118	7126	7135	7143	7152	1	2	3	3	4	5	6	7	8	
52	7160	7168	7177	7185	7193	7202	7210	7218	7226	7235	1	2	2	3	4	5	6	7	8	
53	7243	7251	7259	7267	7275	7284	7292	7300	7308	7316	1	2	2	3	4	5	6	6	7	
54	7324	7332	7340	7348	7356	7364	7372	7380	7388	7396	1	2	2	3	4	5	6	6	7	
55	7404	7412	7419	7427	7435	7443	7451	7459	7466	7474	1	2	2	3	4	5	5	6	7	
56	7482	7490	7497	7505	7513	7520	7528	7536	7543	7551	1	2	2	3	4	5	5	6	7	
57	7559	7566	7574	7582	7589	7597	7604	7612	7619	7627	1	2	2	3	4	5	5	6	7	
58	7634	7642	7649	7657	7664	7672	7679	7686	7694	7701	1	1	2	3	4	4	5	6	7	
59	7709	7716	7723	7731	7738	7745	7752	7760	7767	7774	1	1	2	3	4	4	5	6	7	

续表

log	0	1	2	3	4	5	6	7	8	9	尾差								
											1	2	3	4	5	6	7	8	9
60	7782	7789	7796	7803	7810	7818	7825	7832	7839	7846	1	1	2	3	4	4	5	6	6
61	7853	7860	7868	7875	7882	7889	7896	7903	7910	7917	1	1	2	3	4	4	5	6	6
62	7924	7931	7938	7945	7952	7959	7966	7973	7980	7987	1	1	2	3	4	4	5	6	6
63	7993	8000	8007	8014	8021	8028	8035	8041	8048	8055	1	1	2	3	3	4	5	5	6
64	8062	8069	8075	8082	8089	8096	8102	8109	8116	8122	1	1	2	3	3	4	5	5	6
65	8129	8136	8142	8149	8156	8162	8169	8176	8182	8189	1	1	2	3	3	4	5	5	6
66	8195	8202	8209	8215	8222	8228	8235	8241	8248	8254	1	1	2	3	3	4	5	5	6
67	8261	8267	8274	8280	8287	8293	8299	8306	8312	8319	1	1	2	3	3	4	5	5	6
68	8325	8331	8338	8344	8351	8357	8363	8370	8376	8382	1	1	2	3	3	4	4	5	6
69	8388	8395	8401	8407	8414	8420	8426	8432	8439	8445	1	1	2	3	3	4	4	5	6
70	8451	8457	8463	8470	8476	8482	8488	8494	8500	8506	1	1	2	2	3	4	4	5	6
71	8513	8519	8525	8531	8537	8543	8549	8555	8561	8567	1	1	2	2	3	4	4	5	5
72	8573	8579	8585	8591	8597	8603	8609	8615	8621	8627	1	1	2	2	3	4	4	5	5
73	8633	8639	8645	8651	8657	8663	8669	8675	8681	8686	1	1	2	2	3	4	4	5	5

续表

log	0	1	2	3	4	5	6	7	8	9	尾差								
											1	2	3	4	5	6	7	8	9
74	8692	8698	8704	8710	8716	8722	8727	8733	8739	8745	1	1	2	2	3	3	4	5	5
75	8751	8756	8762	8768	8774	8779	8785	8791	8797	8802	1	1	2	2	3	3	4	5	5
76	8808	8814	8820	8825	8831	8837	8842	8848	8854	8859	1	1	2	2	3	3	4	5	5
77	8865	8871	8876	8882	8887	8893	8899	8904	8910	8915	1	1	2	2	3	3	4	4	5
78	8921	8927	8932	8938	8943	8949	8954	8960	8965	8971	1	1	2	2	3	3	4	4	5
79	8976	8982	8987	8993	8998	9004	9009	9015	9020	9025	1	1	2	2	3	3	4	4	5
80	9031	9036	9042	9047	9053	9058	9063	9069	9074	9079	1	1	2	2	3	3	4	4	5
81	9085	9090	9096	9101	9106	9112	9117	9122	9128	9133	1	1	2	2	3	3	4	4	5
82	9138	9143	9149	9154	9159	9165	9170	9175	9180	9186	1	1	2	2	3	3	4	4	5
83	9191	9196	9201	9206	9212	9217	9222	9227	9232	9238	1	1	2	2	3	3	4	4	5
84	9243	9248	9253	9258	9263	9269	9274	9279	9284	9289	1	1	2	2	3	3	4	4	5
85	9294	9299	9304	9309	9315	9320	9325	9330	9335	9340	1	1	2	2	3	3	4	4	5
86	9345	9350	9355	9360	9365	9370	9375	9380	9385	9390	1	1	2	2	3	3	4	4	5
87	9395	9400	9405	9410	9415	9420	9425	9430	9435	9440	0	1	1	2	2	3	3	4	4

续表

log	0	1	2	3	4	5	6	7	8	9	\multicolumn{9}{c}{尾差}								
											1	2	3	4	5	6	7	8	9
88	9445	9450	9455	9460	9465	9469	9474	9479	9484	9489	0	1	1	2	2	3	3	4	4
89	9494	9499	9504	9509	9513	9518	9523	9528	9533	9538	0	1	1	2	2	3	3	4	4
90	9542	9547	9552	9557	9562	9566	9571	9576	9581	9586	0	1	1	2	2	3	3	4	4
91	9590	9595	9600	9605	9609	9614	9619	9624	9628	9633	0	1	1	2	2	3	3	4	4
92	9638	9643	9647	9652	9657	9661	9666	9671	9675	9680	0	1	1	2	2	3	3	4	4
93	9685	9689	9694	9699	9703	9708	9713	9717	9722	9727	0	1	1	2	2	3	3	4	4
94	9731	9736	9741	9745	9750	9754	9759	9763	9768	9773	0	1	1	2	2	3	3	4	4
95	9777	9782	9786	9791	9795	9800	9805	9809	9814	9818	0	1	1	2	2	3	3	4	4
96	9823	9827	9832	9836	9841	9845	9850	9854	9859	9863	0	1	1	2	2	3	3	4	4
97	9868	9872	9877	9881	9886	9890	9894	9899	9903	9908	0	1	1	2	2	3	3	4	4
98	9912	9917	9921	9926	9930	9934	9939	9943	9948	9952	0	1	1	2	2	3	3	4	4
99	9956	9961	9965	9969	9974	9978	9983	9987	9991	9996	0	1	1	2	2	3	3	3	4

使用说明

1. 求对数lg3.892.

在第1列中找38,在第1行中找9,其交会处为0.589 9;再在第1行尾差部分找2,在相应的交会处得末位修正值2. 就得

$$\lg 3.892 = 0.589\ 9 + 0.000\ 2 = 0.590\ 1.$$

2. 求反对数x,使lg x=0.517 7.

在表中找到最接近5 177之值5 172,它处于第1列中32与第1行中9之交会处;再在同一行中找到差值5,它对应于第1列尾差4. 就得

$$x = 3.294.$$

参 考 文 献

[1] 别莱利曼著.趣味代数学.丁寿田,朱美琨,译.北京:开明书店,1952.
[2] 毛尔著.毛起来说e.郑惟厚,译.台北:天下远见出版社,2000.
[3] 陈仁政.不可思议的e.北京:科学出版社,2005.
[4] Commission inter-Irem d'*Épistémologie* et d'Histoire des Mathématiques. *Histoires de Logarithmes*. IREM—Histoire des Mathématiques, ellipses, 2006.
[5] 杜景丽.世界文化名人——乐圣朱载堉.郑州:中州古籍出版社,2006.

后 记

承周明儒、陈纪修、邱维元教授认真审阅书稿,并提出修改意见,使本书为之增色,特以致谢.

郑重声明

高等教育出版社依法对本书享有专有出版权。任何未经许可的复制、销售行为均违反《中华人民共和国著作权法》，其行为人将承担相应的民事责任和行政责任；构成犯罪的，将被依法追究刑事责任。为了维护市场秩序，保护读者的合法权益，避免读者误用盗版书造成不良后果，我社将配合行政执法部门和司法机关对违法犯罪的单位和个人进行严厉打击。社会各界人士如发现上述侵权行为，希望及时举报，我社将奖励举报有功人员。

反盗版举报电话　　（010）58581999　58582371
反盗版举报邮箱　　dd@hep.com.cn
通信地址　　北京市西城区德外大街4号　高等教育出版社法律事务部
邮政编码　　100120

读者意见反馈

为收集对教材的意见建议，进一步完善教材编写并做好服务工作，读者可将对本教材的意见建议通过如下渠道反馈至我社。

咨询电话　　400-810-0598
反馈邮箱　　hepsci@pub.hep.cn
通信地址　　北京市朝阳区惠新东街4号富盛大厦1座
　　　　　　高等教育出版社理科事业部
邮政编码　　100029